BusinessVillage

Michaela Stach

Moderation in Workshop und Meeting

Mit ergebnisorientierten Tools und Methoden Zusammenarbeit neu gestalten

BusinessVillage

Michaela Stach
Moderation in Workshop und Meeting
Mit ergebnisorientierten Tools und Methoden Zusammenarbeit neu gestalten
3. Auflage 2026

Bestellnummern
ISBN 978-3-86980-660-0 (Druckausgabe)
ISBN 978-3-86980-661-7 (E-Book, PDF)
ISBN 978-3-86980-662-4 (E-Book, epub)

Direktbezug www.BusinessVillage.de, PB-1156

Bezugs- und Verlagsanschrift
BusinessVillage GmbH
Reinhäuser Landstraße 22
37083 Göttingen
Telefon: +49 (0)5 51 20 99-1 00
Fax: +49 (0)5 51 20 99-1 05
E-Mail: info@businessvillage.de
Web: www.businessvillage.de

Layout und Satz
Sabine Kempke

Illustration auf dem Umschlag
www.pixabay.com, Alexandra Koch

Foto der Autorin
Susanne Hauber, https://susannehauber.de

Illustration im Buch
Doris Leddin

Druck und Bindung
www.booksfactory.de

Inhalt

Über die Autorin

Michaela Stach ist Moderatorin aus Leidenschaft – auch für große Gruppen. Mit Begeisterung, Empathie und Wertschätzung begleitet sie Teams auf dem Weg zu tragfähigen Lösungen und echtem Commitment. Ob Veränderungen in Firmen, Zukunftsgestaltung in Kommunen oder Interaktion bei Kongressen: Mit Professionalität und Lebendigkeit bringt sie Gruppen in den zielorientierten Austausch.

Sie ist Gründerin und Leiterin der Akademie für Systemische Moderation. In ihrem Institut mit Standorten in Süddeutschland und Hamburg führt sie mit ihrem Team viermal jährlich die zertifizierte Ausbildung zur Systemischen Moderation durch. Darüber hinaus bietet Sie vertiefende Aufbaumodule und regelmäßige Inspirationstage an.

Kontakt:
E-Mail: michaela.stach@akademie-fuer-systemische-moderation.de
Internet: www.akademie-fuer-systemische-moderation.de

Die digitale Playbox – das Downloadangebot zum Buch

Ergänzend zum Buch lade ich dich ein, dir die eine oder andere Vorlage und Zusatzinfo direkt im Downloadbereich herunterzuladen. Viel Freude dabei!

1. Moderations-Check auf einen Blick,
2. »Hybrid Meeting – Wo sich Welten verbinden« – Leseprobe aus: »Mit hybriden Teams mehr erreichen« von Gesine Engelage-Meyer und Sonja Hanau (ab Seite 210),
3. Vorlage Moderationsplan für Präsenz-Moderationen,
4. »Place: Ort und Raum aussuchen« – Leseprobe aus: »Projekte starten mit Design Thinking« von Jens Otto Lange (ab Seite 82),
5. Vorlage Moderationsplan für virtuelle Moderationen,
6. fünf Frageformen auf einen Blick,
7. Meetings mit Mehrwert – Michaela Stach zu Gast im Female Leadership Podcast,
8. Informationen zur Ausbildung zur Systemischen Moderation.

www.businessvillage.de/dl-1156.html

Warum es dieses Buch gibt!

Always start with the why.

Simon Sinek (*1973), britisch-US-amerikanischer Autor und Unternehmensberater

Ich gestehe es gerne, ich bin ein großer Fan von Simon Sinek. Er hat wie kein anderer Sinn und Purpose bei der Arbeit zu dem Stellenwert verholfen, den zu Recht immer mehr Menschen einfordern.

Warum hältst du gerade dieses Buch in der Hand?
Warum hältst **du** gerade dieses Buch in der Hand?
Warum hältst du gerade **dieses** Buch in der Hand?

Vielleicht hast du dir ja genau dies Fragen gestellt. Und je klarer du diese für dich beantworten kannst, desto höher wird der Nutzen sein, den dieses Buch dir bieten kann.

Ich sage zu dir herzlich willkommen! Es ist mir eine große und ehrliche Freude, dass deine Wahl auf mein Buch gefallen ist und ich hoffe, dass dir die Lektüre genau die Inputs und Inspirationen gibt, die du dir wünschst! Und vielleicht ja sogar die eine oder andere kleine Überraschung darüber hinaus.

Bevor es auch gleich inhaltlich losgeht, möchte ich ein paar kurze Worte zu meinem persönlichen Why für dieses Buches teilen: Ich bin der tiefen Überzeugung, dass sinnstiftende Moderation in Workshops und Meetings einen entscheidenden Beitrag dazu leistet, die Zusammenarbeit im Team neu, zukunftsorientiert und erfolgreich zu gestalten. Und ich bin in gleichem Maße überzeugt, dass eine konstruktive Zusammenarbeit auf Augenhöhe überhaupt erst den Boden dazu bereitet, mit Effizienz und Zielorientierung kreative Lösungen zu erarbeiten.

Eine erfolgreiche Moderation setzt sich also aus mehreren Bausteinen zusammen. Da geht es um Haltung und Umgang, um Transparenz und Zielklarheit sowie um Inspiration und kreatives Denken und Tun. Um bei der Metapher der Bausteine zu bleiben: Wenn du damit ein Bauwerk errichten möchtest, brauchst du jeden einzelnen Baustein. Sonst fällt alles in sich zusammen. Die Bausteine für deine zukünftigen Moderationen stelle ich dir in den nachfolgenden Kapiteln vor. Ich habe hierbei Erkenntnisse, Erfahrungen, Inspirationen und jede Menge Tools und Moderationsformate für dich vorbereitet.

Ein großer Anteil an meinem Why für dieses Buch ist die Beantwortung der Frage, wie Moderation heute und zukünftig die Arbeit in Teams und Organisationen besser, wertschätzender, am Menschen orientierter machen kann. Die Uhren heute ticken anders als noch vor wenigen Jahren. So ist das Homeoffice aus dem Alltag der Unternehmen gar nicht mehr wegzudenken. Deshalb braucht es auch Moderations-Skills und Moderations-Tools, die remote funktionieren. Oder die Erkenntnis, dass Wissen heute so komplex und auf so viele Köpfe verteilt ist, dass es gar nicht mehr denkbar wäre, dass eine Führungskraft in der Tiefe über alle Details Bescheid weiß. Das gipfelt dann noch darin, dass mitunter eine Affinität zu modernen Tools und Vorgehensweisen für einen Projekterfolg entscheidender sein kann als die Erfahrungen lang gedienter Leistungsträgerinnen und Leistungsträger. Wir brauchen also neben der Erkenntnis und Bereitschaft, uns auf diese neue Situation einzulassen auch Tools und Formate, die den fachlichen Austausch und das Lernen in den Fokus nehmen. Auch hierzu findest du einen ganzen Strauß voller Anregungen.

Du hast schon gemerkt, dass das Why für mich eine besondere Bedeutung hat. Die wichtigste kommt aber noch. Ich führe nicht nur selbst Moderationen durch, sondern bilde in meiner Akademie in mehrmonatigen Kursen die Teilnehmenden zu kompetenten Moderatorinnen und Moderatoren aus. Am Ende eines Ausbildungsganges hat ein Teilnehmer mir folgende Rückmeldung hinterlassen:

»Es muss halt Sinn machen. Dieses Zitat habe ich postwendend von dir übernommen. Danke dafür.«

Grüße an dieser Stelle an Sebastian. Genau darum geht es in der Moderation. Jeder Schritt, den wir mit unseren Teilnehmenden gehen, muss Sinn ergeben! Nicht mehr und nicht weniger. Schreiben wir uns sinnstiftendes Arbeiten auf die Fahnen, fällt all das weg, was »man halt so macht«. Gerade auch bei den Tools ist es wichtig, kritisch zu schauen, welche Vorgehensweise die Teilnehmenden auf dem Weg zu ihrem Ziel gut unterstützt. Fancy allein reicht nicht! Verliebe dich daher in wen auch immer du willst – aber bitte nie in Tools und Methoden!

Und jetzt die gute Nachricht: Wenn du bei der Auftragsklärung, Planung und Durchführung deiner Moderationen sinnstiftend arbeitest, sind deine Teilnehmenden intrinsisch motiviert, denn sie erkennen den Mehrwert des gemeinsamen Miteinanders. Eine bessere Arbeitsatmosphäre kannst du dir nicht erträumen.

Ich wünsche dir jetzt eine inspirierende Lektüre und viel Freude und Erfolg beim Ausprobieren!

1.
Zusammenarbeit neu gestalten

1.1 Wir brauchen weniger Meetings!

Meine persönliche Meinung gleich vorneweg: Es gibt zu viele Meetings! Immer noch. Auch wenn sich in den letzten Jahren einiges in der Unternehmenspraxis getan hat. Vor allem gibt es immer noch zu wenige konstruktive, sinnstiftende, effiziente Meetings.

Als kleines Give-away hatten wir als Aussteller auf der Messe »Personal Süd« in Stuttgart einen Aufsteller mit zehn Tipps für zielführende Meetings entworfen und verteilt. Die Tipps waren auf der Rückseite, der Eyecatcher auf der Vorderseite war folgende Headline: »Labern kann jeder – bei uns gibt's Ergebnisse!« Was soll ich dir sagen – die Besucherinnen und Besucher haben uns die Aufsteller geradezu aus den Händen gerissen! »Den Aufsteller muss ich unauffällig dem Chef hinstellen ...«, »Genau so ist es, unsere Meetings sind einzige Laberrunden ...«. Einerseits hat es mich natürlich gefreut, dass unser Werbemittel so viel Aufmerksamkeit erreicht hat. Und andererseits hat es mich nachdenklich gemacht. Sehr nachdenklich.

Aus einer in dem Buch »On the Way to New Work – Wenn Arbeit zu etwas wird, was Menschen stärkt« zitierten Umfrage aus dem Jahr 2022 des Kollaborationsanbieters Barco geht hervor, dass fast die Hälfte der dreitausend Befragten regelmäßig nicht weiß, worum es im Meeting geht und was das Ziel der Besprechung ist. Bei den Top-Führungskräften waren es sogar einundsechzig Prozent (Allmers, Trautman, Magnussen 2022: 199). Das ist insofern fatal, da heute die Mitarbeitenden auf allen Hierarchieebenen fünfzig Prozent mehr Zeit damit verbringen, mit anderen zusammenzuarbeiten als noch vor zwanzig Jahren (Edmondson 2021: XIV). Wenn es die neue Arbeitswelt mit ihrer Komplexität also erfordert, mehr zu kollaborieren und die gemeinsame Kompetenz in den Ring zu werfen, um Neues zu erschaffen, dann kann das nur gelingen, wenn:

- etablierte Meetings schonungslos hinterfragt werden,
- immer nur die Personen teilnehmen, für die die jeweiligen Themen relevant sind,

- jede und jeder weiß, was das Ziel der Besprechung ist,
- Meeting-Zeiten gekürzt werden.

Wir dürfen ja nicht vergessen, dass Mitarbeitende nicht per se dafür eingestellt werden, an Meetings teilzunehmen. Jede Minute, in der ich sinnlos in einem Meeting sitze, ist eine verlorene Minute für meine eigentlichen Aufgaben.

Hierzu passt auch eine Meeting-Regel, die der Tesla Gründer Elon Musk in seinem Unternehmen eingeführt hat: Wenn man selbst keinen wichtigen Beitrag zu einer Besprechung leisten könne und die Mitteilungen für einen nicht von Bedeutung seien, rät Elon Musk dazu, das Meeting zu verlassen beziehungsweise ein Telefongespräch zu beenden. »Es ist nicht unhöflich, zu gehen, es ist unhöflich, jemanden zum Bleiben zu bewegen und damit dessen Zeit zu verschwenden«, erklärt er. (Finanzen.net 2021)

Wie oben schon geschrieben, bevorzuge ich es, bereits im Vorfeld zu prüfen, wo wessen Anwesenheit Sinn ergibt. Und doch kann es ja passieren, dass sich die Situation dann doch anders darstellt, als geplant. Und wie großartig ist es dann, wenn ich den Mut haben darf, die Besprechung zu verlassen, ohne dass andere Teilnehmende mir dies persönlich übel nehmen. Möglich wird das, wenn das Miteinander im Team geprägt ist vom Prinzip der psychologischen Sicherheit. Mehr dazu findest du im Kapitel 2.5.

Ich möchte hier übrigens nicht diskutieren, ob und wie Elon Musk als Person zum Prinzip der psychologischen Sicherheit passt. Ich für mich finde diese Regel ausgesprochen gut in einem von Offenheit und konstruktivem Miteinander geprägten Umfeld. Dann bringt sie allen einen Mehrwert.

1.2 New Work trifft Moderation

Nein, ich möchte nicht auf den New-Work-Trend aufspringen, weil er hipp und angesagt ist! Das wäre ehrlich gesagt auch ziemlich inkonsequent. Denn schließlich habe ich gleich auf der ersten Seite hier im Buch geschrieben, dass alles einen Sinn ergeben muss und man nichts machen sollte, weil man es eben so macht. Und wie ebenfalls in meinen Eingangsworten geschrieben, ist es mein großes Why, durch sinnstiftende Moderation in Workshops und Meetings meinen Beitrag dazu zu leisten, die Zusammenarbeit in Teams wertschätzend, zukunftsorientiert und erfolgreich zu gestalten. Damit möchte ich mir nicht das Label »New Work« umhängen. New Work hat eine viel umfassendere Bedeutung und lässt sich nicht auf die Zusammenarbeit in Meetings und Workshops reduzieren. Auf Tischkicker, Obstkorb und hippe Chilloutlounges allerdings noch weniger! Gleichzeitig bin ich der festen Überzeugung, dass die Moderation, wie du sie im Buch hier erlebst, sehr wohl einen Beitrag dazu leisten kann, den Anspruch von New Work in einem Unternehmen umzusetzen. Oder anders ausgedrückt:

- Zukunftsorientierte Zusammenarbeit allein ist noch kein New Work.
- Aber ohne zukunftsorientierte Zusammenarbeit wird's auch nichts mit New Work.

Für mich sind Meetings ein Spiegel der Unternehmenskultur. Und gleichzeitig die Chance für jede und jeden, die Werte, die sich ein Unternehmen auf die Fahnen schreibt, herunterzubrechen und im Hier und Jetzt mit Leben zu füllen. Oder es zumindest Schritt für Schritt zu versuchen. Doch was genau verbirgt sich denn hinter dem Begriff »New Work«, der derzeit schon fast inflationär genutzt wird?

Exkurs New Work

Bei New Work handelt es sich um einen freiheitlich-philosophischen Denkansatz, der auf den Sozialphilosophen Frithjof Bergmann (1930 – 2021) zurückgeht. Ihm ging es darum, dass Menschen die Arbeit finden, die sie wirklich,

wirklich wollen. Ich selbst darf mich glücklich schätzen, dass ich Frithjof Bergmann auf der New Work Experience Konferenz im März 2017 in Berlin live erleben durfte. Er hat mich tief beeindruckt.

Um die wesentlichen Aussagen von New Work im aktuellen Kontext aufzuzeigen, hier eine kurze Zusammenfassung von Anna und Nils Schnell aus ihrem Buch »New Work Hacks«: »Heute können unter New Work veränderte Arbeitsweisen in einer technologisierten, digitalen und globalen Arbeitswelt gefasst werden, die auf sinnstiftende und erfüllende Tätigkeiten abzielen und den Menschen in den Mittelpunkt stellen. Gerade weil sich unsere Gesellschaft von einer Industrie- in eine Wissensgesellschaft entwickelt und zunehmend von neuen Werten geformt wird, werden freiere und flexiblere Arbeitsstrukturen immer notwendiger.« (Schnell, Schnell 2019: 7)

Nachdem ich sie gerade schon zitieren durfte, freue ich mich riesig, dass ich Anna und Nils nun zu der Rolle von Moderation im New-Work-Kontext auch noch direkt befragen konnte:

»Liebe Anna, lieber Nils,
In Eurem Buch ›New Work Hacks‹, dass ich übrigens für Eure konkreten Tipps und Praxisbeispiele feiere, schreibt ihr, wie wichtig Moderations-Skills sind, um Gruppen arbeitsfähiger zu machen. Ihr sprecht mir dabei absolut aus dem Herzen! Könnt ihr für meine Leserinnen und Leser noch einmal den Bogen schlagen, wo hierbei die ganz konkrete Verbindung zu New Work besteht?«

Mit der Überschrift »Moderation im Kontext von New Work« habe ich diese Antwort von Anna und Nils erhalten: *»Um möglichst sinnstiftend zu arbeiten, braucht es Kommunikation und Reflexion. Nur so kann gemeinsam eine Arbeitsweise entstehen, die funktioniert und uns Menschen stärkt. Hierfür nimmt die*

Moderation von Gruppen und Teams einen zentralen Stellenwert ein: Bessere Besprechungen führen zu besseren Ergebnissen. Moderation bringt die Qualität mit sich, das Spannungsverhältnis von guter Kommunikation und anschließender Umsetzung erfolgreich zu stärken. Dies geschieht, indem die zu moderierende Person immer wieder die Ableitung auf den Sinn in der Arbeit in den Mittelpunkt der Moderation legt.

Das kann selbstverständlich auch ohne Moderation gelingen. Jedoch ist unser Erfahrungswert bisher, dass viele Meetings einzig dafür genutzt werden, Arbeitsinhalte zu besprechen und zu planen, weniger, wie miteinander gearbeitet wird. Um den Sinn in der Arbeit zu finden und ausleben zu können, braucht es immer wieder ein gemeinsames Verständnis über den Status Quo. New Work findet nur statt, wenn es zur gelebten Praxis wird. Moderation kann hierbei unterstützen, indem Meetings strukturiert und methodisch begleitet werden. Moderation im Kontext von New Work ist deshalb so relevant, weil eine professionelle Rahmung geschaffen wird, innerhalb dessen New Work gedacht und reflektiert werden kann. Moderation gibt dabei den Raum, Schmerzpunkte genauer zu betrachten und bessere Lösungen zu finden. Moderation unterstützt dabei durch passende Methoden und Formate, welche den Sinn in den Mittelpunkt stellen. Sinnvolles Arbeiten ist nicht immer leicht, zu viele andere Faktoren drängen sich auf. Zu schnell wird abgelenkt vom Sinn, um pragmatisch weiterzumachen. Ohne Sinn und ohne den New Work Ansatz zu arbeiten bedeutet also auch, den eigenen Schmerzpunkten keinen Raum zu geben. Wir brauchen jedoch diesen Raum, um Klarheit entstehen zu lassen. Sinn entsteht durch das gemeinsame Verständnis und das Tun selbst. Klarheit über den Sinn entsteht dann, wenn es geschafft wird, alles Wichtige in der passenden Zeit zu besprechen. Moderation kann genau hierfür der Schlüssel sein, da eine Person einzig und allein für die Perspektive der Sinnstiftung verantwortlich ist und der zu moderierenden Gruppe damit eine wichtige Unterstützung bietet.«

Auch Joana Breidenbach beschäftigt sich gemeinsam mit Bettina Rollow intensiv mit dem Thema New Work. 2019 ist ihr gemeinsames Buch »New Work needs Inner Work« erschienen. Ich hatte Bettina daraufhin im November

2019 eingeladen, bei meinem Praxisforum für konstruktive und sinnstiftende Meetings in Stuttgart eine Keynote zu halten.

Möglicherweise fragst du dich an dieser Stelle, was denn mit »Inner Work« ganz konkret gemeint ist. Ich möchte hier thematisch an die »freieren und flexibleren Arbeitsstrukturen« anknüpfen, die vorhin in der inhaltlichen New Work-Zusammenfassung von Anna und Nils Schnell zur Sprache kamen. Bei Joana und Bettina geht es ganz konkret um den Umgang mit diesem gewachsenen Freiraum: Wenn Unternehmen den Spielraum für Individuen vergrößern – ihnen mehr Freiraum und Verantwortung geben –, bedarf es eines Kompetenzaufbaus, einer menschlichen Reifung, im Zuge derer Mitarbeitende innerlich stärker und selbstbewusster werden (Breidenbach, Rollow 2019: 18). Heruntergebrochen auf die Moderationsaufgabe findet sich dieser innere Kompetenzaufbau beispielsweise in Reflexionseinheiten, wie dem Check-out mit Fokus auf das Wie der Zusammenarbeit (Kapitel 4.2) oder in weiteren Reflexions- und Lernformaten (siehe auch Kapitel 10).

1.3 Was erwarten Nachwuchskräfte von der Zusammenarbeit?

Die Babyboomer sagen leise servus. Mittlerweile ist es schon die Generation Z – also die zwischen 1995 und 2009 Geborenen – die langsam beginnt, den Arbeitsmarkt zu erobern. Und die Generation Y (1980 – 1994) ist schon mitten drin in den Meetings und Workshops hierzulande.

Wenn es darum geht, sich Gedanken zu machen, wie sich Zusammenarbeit gut, konstruktiv und zukunftsorientiert gestalten lässt, dann sollten wir diejenigen nicht außer Acht lassen, mit denen wir in Zukunft vermehrt zusammenarbeiten werden. So ein bisschen fühle ich mich ja schon als Küchentisch-Expertin für die Generation Z. Zumindest habe ich mit meinen beiden Söhnen zwei großartige Vertreter im Live-Experiment. Und bevor ich es vor Jahren erstmals in einer Studie gelesen habe, war es mir schon lange klar, dass die jüngere Generation auch im beruflichen Kontext Dinge nicht einfach kommentarlos mehr hinnehmen wird. Wir haben sie ja auch ganz anders erzogen! Von Kind an durften sie mitreden, wenn es um Ausflugspläne, Zimmereinrichtung oder Freizeitbeschäftigung ging. Und auch bei politischen oder gesellschaftlichen Themen haben sie mitdiskutiert. Immer wieder wurden sie ermuntert, ihre Meinung frei zu äußern.

Um mein Bauchgefühl zu überprüfen, habe ich mich auf die Suche begeben. Hier bin ich auf Jugendforscher Simon Schnetzer aufmerksam geworden (Simon-Schnetzer.com/Jugendforscher). In seiner Studie »Junge Deutsche 2019« hat er sich sowohl mit der Generation Y als auch mit der Generation Z beschäftigt. Die Studie erschien zum vierten Mal und basiert auf einer Repräsentativbefragung für Deutschland mit eintausendundsieben GenY und GenZ Teilnehmenden im Alter von vierzehn bis neununddreißig Jahren.

Die Highlights der Studie sind frei zugänglich unter: https://simon-schnetzer.com/wp-content/uploads/2019/03/Highlights-Studie-Junge-Deutsche-2019-GenerationZ-GenerationY-Simon-Schnetzer-Jugendforscher.pdf

Und nun zu den Erkenntnissen

Bei den abgefragten Werten steht bei beiden Generationen die Gesundheit an erster Stelle. Bei Generation Z mit siebzig Prozent und bei Generation Y mit neunundsechzig Prozent. Das finde ich total interessant und es hat mich zugegebenermaßen auch etwas überrascht. Ich könnte mir vorstellen, dass der wichtigste Wert – hätte man die Babyboomer im gleichen Alter damals befragt – ein ganz anderer gewesen wäre. Aus diesem hohen Stellenwert leiten sich auch Erwartungen an den Arbeitgeber ab. Diese werden wie folgt formuliert: Gesunder Arbeitsplatz, Präventionsangebote (Sport/Burn-Out/Ernährung), Vermeidung von Gefahren.

Für mich persönlich gehört zu einer gesunden Arbeitsumgebung übrigens nicht nur die Berücksichtigung der körperlichen Aspekte. Betrachtet man Gesundheit ganzheitlich, ergeben sich hier sehr wohl Erkenntnisse für die

Erwartungen an den Umgang untereinander. Und die Antwort folgt auf dem Fuß.

Hier die Ergebnisse auf die Frage, welche Erwartungen die Nachwuchskräfte an einen guten Arbeitgeber hätten:

Erwartungen der Generation Z an einen guten Arbeitgeber:
65 Prozent erwarten eine gute Arbeitsatmosphäre,
63 Prozent erwarten eine gute Balance von Arbeit und Freizeit,
56 Prozent erwarten gute Vorgesetzte,
55 Prozent möchten etwas tun, das sie sinnvoll finden,
52 Prozent erwarten langfristige Sicherheit des Arbeitsplatzes.

Erwartungen der Generation Y an einen guten Arbeitgeber:
64 Prozent erwarten eine gute Arbeitsatmosphäre,
62 Prozent erwarten eine gute Balance von Arbeit und Freizeit,
58 Prozent erwarten Vereinbarkeit von Familie und Beruf,
53 Prozent erwarten eine langfristige Sicherheit des Arbeitsplatzes,
48 Prozent erwarten gute Vorgesetzte.

Unter Stichwort »Traumjob« hat Simon Schnetzer die Einstellung zur Arbeit wie folgt zusammengefasst: »Wohlfühlen und genug Freizeit. Am wichtigsten für einen guten Job ist der Generation Z und der Generation Y die Arbeitsatmosphäre sowie die gute Balance von Arbeit und Freizeit. Mit diesen Erwartungen an Arbeitgeber tritt die junge Generation sehr selbstbewusst auf.«

Was sich vielfach nachlesen und auch logisch nachvollziehen lässt, ist die Erwartung der Nachwuchskräfte an die Feedbackkultur. Stefan Lake, zum damaligen Zeitpunkt Country Manager bei Universum Deutschland, hat in einem Interview zu einer Studie über die Generation Z die Frage, wie wichtig die Themen Unternehmenskultur und Führung seien und was sich die Generation hier wünsche, wie folgt ausgeführt: »Die Angehörigen dieser Generation sind als Digital Natives aufgewachsen. Sie sind an permanente Kommunikation und Feedback gewöhnt. Und diesen Anspruch übertragen sie auch in die Arbeitswelt. Deshalb überrascht es nicht, dass offene Kommunikation und Feedback die wichtigsten (Punkte) sind, wenn man danach fragt, was inspirierendes Management für sie bedeutet.«

Nach Handlungsempfehlungen für Arbeitgeber gefragt, entgegnet er: »Der Spruch: ›Nicht geschimpft ist genug gelobt‹ ist definitiv überholt! Unternehmen tun gut daran, ihre Feedbackkultur zu evaluieren und an die Bedürfnisse der jungen Talente anzupassen ...« Das komplette Interview findest du auf Saatkorn, dem mehrfach preisgekrönten Blog von Gero Hesse (Hier kannst du es in voller Länge nachzulesen: www.saatkorn.com/generation-z).

Worin besteht für mich an dieser Stelle nun die Erkenntnis, wenn es um die Zusammenarbeit mit Nachwuchskräften geht?

- Das Wie der Zusammenarbeit ist entscheidend – und das gilt es auch immer wieder zu hinterfragen und gegebenenfalls anzupassen.
- Feedback ist wichtig. Um eine konstruktive Feedbackkultur zu etablieren, braucht es eine offene und vertrauensvolle Atmosphäre und eine konstruktive Art, die Rückmeldung zu formulieren.
- Es darf auch gelobt werden!
- Das Why zu kennen, unterstützt die Generation Z dabei, ihrer Tätigkeit mit Engagement nachzugehen.
- Technische Affinität schlägt Erfahrung. Zumindest manchmal. Deshalb funktioniert das gegenseitige Lernen nicht nur in eine Richtung!

Und ganz nebenbei sollten Meetings mit der Generation Z nicht in die frühen Abendstunden gelegt werden. Da haben die jungen Kolleginnen und Kollegen nämlich Besseres vor. Zum Beispiel beim Sport etwas für ihre Gesundheit zu tun. Vielleicht können wir ja nicht nur technologisch so manches von ihnen lernen.

2.
Dein Mindset – Erfolgsfaktor für Kokreation

2.1 Wie war das nochmal mit den Hüten?

Chefin, Kollege, Freundin, Vereinsmitglied, Nachbar, Mutter, Sohn, Ehefrau ... Wir alle haben jede Menge Rollen, die wir während des Tages im fliegenden Wechsel einnehmen. Gerne verwendet man für diese verschiedenen Rollen die Metapher der Hüte. Das macht es anschaulich. Mit jedem einzelnen Hut verbinden wir individuelle Verantwortungen und Aufgaben. Gleichzeitig haben aber auch die Menschen, mit denen wir aus den einzelnen Rollen heraus interagieren, ihre individuellen Erwartungen an uns. Beides gilt es gut zu managen.

Wenn du die Rolle der Moderatorin beziehungsweise des Moderators einnimmst, kommt noch ein ganz besonderes Hut-Exemplar hinzu. Und auch hier gibt's jede Menge Erwartungen, die deine Teilnehmenden in Workshops und Meetings an dich haben. Möglicherweise erwarten sie sogar – um bei der Hut-Metapher zu bleiben –, einen futuristischen Hut, damit du in deiner Rolle auch den Anforderungen der Zukunft gerecht werden kannst und das Team in Dingen wie out of the box zu denken und innovative Ideen zu entwickeln, unterstützt.

Das ist sicherlich eine legitime, mögliche Erwartung. Und vielleicht hat dich ja bei der Entscheidung, dieses Buch zu lesen im Titel der Satzteil »... Zusammenarbeit neu gestalten« angesprochen. Das würde mich übrigens total freuen. Denn diese Worte wollte ich unbedingt in dem Titel meines neuen Buches lesen! Weil es genau darum geht: Teams zukunftsfähig zu machen, Komplexität zu managen und mit kollektiver Intelligenz, neue und innovative Lösungen zu erarbeiten.

Hierbei unterstützen uns vielfältige Inspirationen und innovative Tools, um die Teilnehmenden aus der Reserve zu locken. Unser sprichwörtlicher Moderations-Hut darf also durchaus ein futuristisches Design haben. Aber damit dieses auch tatsächlich zum Strahlen kommen kann, braucht es eine fundierte Basis. Sonst wird's nichts. Du wirst es in diesem Buch noch öfter lesen: Fancy Tools sind eines nie: Selbstzweck!

Ein wichtiger Baustein einer erfolgreichen und sinnstiftenden Moderation ist das Ausfüllen der Rolle und das bewusste Annehmen der Verantwortung als Moderatorin beziehungsweise Moderator. Welche Aufgaben haben wir – und welche haben wir nicht? Und so ist auch die folgende Definition, die aus der Anfangszeit der Moderation stammt und somit schon einige Jahrzehnte auf dem Buckel hat, nach wie vor topaktuell und gehört unbedingt in ein Buch über neue Zusammenarbeit: »Moderation bedeutet, den Meinungs- und Willensbildungsprozess einer Gruppe zu ermöglichen und zu erleichtern, ohne inhaltlich einzugreifen und zu steuern. Moderatoren sind methodische Helfer, die ihre eigenen Meinungen, Ziele und Wertungen zurückstellen können.« (Klebert, Schrader, Straub 2006: 81)

Aus dieser Definition leitet sich für die Moderation ein grundlegendes Rollenverständnis ab: In der Moderation hast du die Verantwortung, deine Teilnehmenden unterstützend auf dem Weg zu ihrem Ziel zu begleiten. Du bist keine Expertin und kein Experte des jeweiligen Fachthemas. Das musst du auch nicht sein. Deine Aufgabe ist es, die Teilnehmenden zu moderieren. Gerne spricht man bei der Moderation auch vom Hebammenprinzip.

Erst vor Kurzem habe ich wieder live und in Farbe erleben dürfen, warum diese glasklare Rollentrennung so wichtig ist! Ich wurde von einem langjährigen, guten Kunden eingeladen, einen hierarchieübergreifenden Workshop für einen Bereich zu moderieren, den ich bislang noch nicht kannte. Es sollte um Themen der Zusammenarbeit in Abstimmungs- und Entscheidungsprozessen gehen.

Der Bereich wollte moderner werden und den einzelnen Mitarbeitenden mehr Eigenverantwortung übertragen. So weit, so interessant. Gleich zu Beginn des ersten Abstimmungstelefonats habe ich allerdings von meinen Ansprechpartnern erfahren, dass ein Workshop mit dieser Themensetzung schon vor wenigen Wochen stattgefunden habe. Da aber alle Teilnehmenden unzufrieden mit dem Ergebnis waren, sollte es in die Neuauflage gehen. Ich wurde direkt hellhörig. Im Nachgang des Telefonates hatte ich dann auch die Gelegenheit, in das Ergebnisprotokoll des ersten Workshops zu schauen. Und ehrlich gesagt: Ich verstand gar nichts mehr! Der Maßnahmenplan klang so was von vernünftig. Meine inneren Alarmglocken läuteten lauter. Davon abgesehen, dass es mein Anspruch ist, jede einzelne Moderation nach bestem Wissen und Gewissen vorzubereiten und durchzuführen, stand hier dann zusätzlich noch jede Menge auf dem Spiel: Ich hatte nicht weniger als meinen guten Ruf bei dem Kunden zu verlieren. Aber direkt ablehnen, wollte ich dann doch nicht. Also bin ich dran geblieben. Ich kenne den Verantwortlichen, der die Erstauflage des Workshops moderiert hatte nicht. Aber natürlich war ich neugierig und habe seinen Namen gegoogelt. Dabei bin ich auf eine interessante Information gestoßen: Der Kollege war Berater für Organisationsentwicklung. Und dass ich mit meinem daraufhin aufkeimenden Verdacht ins Schwarze getroffen habe, wurde klar, als ich beim nächsten Gespräch noch einmal auf den Maßnahmenplan zu sprechen kam. Auf die Frage, ob dieser denn so umgesetzt würde, bekam ich die Antwort: »Da wird gar nichts davon umgesetzt – das hat uns doch alles der Trainer in den Plan geschrieben«. Interessant übrigens, dass hier vom »Trainer« gesprochen wurde und nicht vom Moderator des Workshops. Aber sie hatten ja auch komplett recht.

Der Kollege, als ausgewiesener Experte für Organisationsentwicklung, hat sich mit seiner ganzen Expertise ins Zeug gelegt – und damit verhindert, dass die Teilnehmenden selbst ihre Lösungen entwickeln und beschließen. Commitment funktioniert aber nur, wenn die Teilnehmenden auch selbst überzeugt sind und Teil der Lösungsentstehung waren. Ich habe den Auftrag dann angenommen und es sind richtig gute Maßnahmen entstanden. Die kamen aber eben nicht von mir, sondern von den Teilnehmenden selbst.

Was ist nun das Learning aus dieser Geschichte? Selbst extern Moderierende, die keine internen Rollenkonflikte und Machtkämpfe fürchten müssen, sind nicht davor gefeit, in die Neutralitätsfalle zu tappen. Auch ihnen kann es passieren, dass sie sich unbewusst denn falschen Hut aufziehen und in die Rolle der Expertin oder des Experten rutschen. Falls du also als Freelancerin oder Freelancer im Bereich Training, Coaching, Moderation unterwegs sein solltest, schau immer genau, in welcher Rolle du bei der aktuellen Aufgabe gefordert bist! Denn die Auftraggebenden haben diese glasklaren Trennungen nicht immer vor Augen.

Noch herausfordernder ist es, wenn du intern als Führungskraft agierst oder beispielsweise die Leitung eines Projektes innehast. Denn da ist eine strikte Trennung zwischen den Rollen Führungskraft, Projektleitung und Moderation mitunter schwer möglich. Wichtigste Voraussetzung ist dann, dass du dir in Moderationssituationen deiner entsprechenden Rolle immer bewusst bist und diese auch gegenüber den Teilnehmenden konsequent transparent machst. Mit diesem Bewusstsein wird es möglich, den Automatismus des fachlichen Einwurfs zumindest ein Stück weit auszubremsen und sich wann immer es möglich ist, bewusst aus inhaltlichen Diskussionen herauszuhalten. Ganz häufig sind die Teammitglieder sowieso viel tiefer im Thema drin. Schließlich haben sie die Expertise und bewegen sich tagtäglich in den Tiefen ihrer Spezialgebiete. Vertraue auf das fachliche Know-how deiner Mitarbeitenden und richte deinen Fokus gezielt auf die neutrale Steuerung des Prozesses. Keine Frage, dass sich dies am Anfang sowohl für dich selbst als auch für deine Kolleginnen und Kollegen ungewohnt anfühlen wird – aber so ist das immer, wenn man etwas Neues ausprobiert. Du wirst überrascht sein, welche beeindruckenden Ergebnisse durch diese Arbeitsweise entstehen können.

Dennoch kann ein fachlicher Einwurf von Zeit zu Zeit nötig sein. Dann kennzeichne ihn bitte als solchen, indem du deinen inhaltlichen Beitrag deutlich einleitest: »Da ich genau zu diesem Thema letzte Woche mit unserer Marketingleiterin gesprochen habe, verlasse ich für einen Moment meine Moderatorenrolle und möchte als Abteilungsleiter hierzu Folgendes ergänzen ...«

Dass sich Moderation und Führung nicht ausschließen müssen, erleben die Mitarbeitenden von Dr. Elke Brünle, der stellvertretenden Direktorin der Stadtbibliothek Stuttgart immer wieder aufs Neue. Ob in der Zentralbibliothek oder in den knapp zwanzig Stadtteilbibliotheken – sie bezieht ihre Kolleginnen und Kollegen bewusst aktiv in die konzeptionelle wie praktische

Weiterentwicklung sowie in Lösungsfindungen ein und hat über die Jahre gleich mehrere partizipative Formate im Haus etabliert.

© Günter Marsch

Meine Frage an Dr. Elke Brünle:

»Liebe Elke,
du bist für mich ein strahlender Leuchtturm in Sachen interner Moderation! Ich bin begeistert, wie viel Partizipation du deinen Mitarbeitenden ermöglichst und mit wie viel Freude du deine Rolle als Moderatorin lebst. Wie schaffst du es, mögliche Rollenkonflikte bereits im Vorfeld zu umgehen oder während der Moderation konstruktiv in den Griff zu bekommen? Hast du aufgrund deiner langjährigen Erfahrung vielleicht den einen oder anderen Tipp für die Leserinnen und Leser, die noch nicht so viel Erfahrung gemacht haben?«

Und das hat Dr. Elke Brünle darauf geantwortet:

»Liebe Michaela,
wir arbeiten in der Stadtbibliothek Stuttgart seit Langem sehr zielorientiert, in letzter Zeit aber auch immer wieder bewusst prozessorientiert – etwa bei sehr komplexen Projekten. Für die Qualität und Klarheit der Ziele oder einzelner Prozessschritte bin ich als Führungskraft verantwortlich. Um diese jedoch in den Köpfen und Herzen der Mitarbeitenden lebendig werden zu lassen und deren Umsetzung gemeinsam kreativ entwickeln und konkretisieren zu können, erachte ich die systemische Moderation als ein tolles Instrument. Wichtig sind mir dabei persönlich insbesondere sechs Punkte:

***Erstens:** Ich überlege mir im Vorfeld eines von mir moderierten, partizipativen Formats stets sehr genau, was mir als Führungskraft an dem zu besprechenden Thema unabdingbar wichtig ist und welches Ziel mit der Veranstaltung erreicht werden soll. Die mir wichtigen Aspekte setze ich als fixen Rahmen für die Veranstaltung wie auch für die zentralen Fragestellungen, welche vom Kollegium* *dann jedoch vollkommen ergebnisoffen diskutiert und entwickelt werden können. Ergebnisoffenheit in dem, was zur Diskussion steht, ist für mich wichtigstes Gesetz.*

Zweitens: *Gleich zu Beginn des Workshops kläre ich für alle Anwesenden meine Rolle und bringe ich den von mir gesetzten inhaltlichen Rahmen begründet sowie klar ins Wort. Ebenso informiere ich beim Auftakt der Veranstaltung schon über die geplante Ergebnissicherung und die Form der Weiterbearbeitung der kollektiv erarbeiteten Ergebnisse.*

Drittens: *Die Zusammenstellung der Workshop-Ergebnisse betrachte ich als Chefsache und häufig reichere ich die Fotoprotokolle mit schriftlichen Informationen zum Iststand, zum Rahmen oder Gesamtzusammenhang der diskutierten Fragestellungen an, um das Protokoll zu einem hochwertigen und aussagekräftigen Dokument für die weitere Arbeit zu machen. Dann sind die Ergebnisse auch für Personen, die nicht teilgenommen haben, umfassend verständlich und nutzbar.*

Viertens: *Tauchen während der Moderation Aspekte auf, die ich als Führungskraft direkt kommentieren möchte, setze ich für einen Moment mit deutlicher Geste den unsichtbaren Moderatorenhut ab und bringe dabei den kurzzeitigen Rollenwechsel aktiv ins Wort. Dann nehme ich als Vorgesetzte Stellung. Ist dieser Einschub beendet, formuliere ich ein ebenso deutliches »Klammer zu« und setze mir mit entsprechender Handbewegung den zuvor abgenommenen Moderatorenhut wieder auf.*

Fünftens: *Mögliche Rollenkonflikte während der Moderation umgehe ich dadurch, dass ich etwa Aspekte, die über die im Moment zu bearbeitende Fragestellung hinausgehen oder auf eine gänzlich andere Herangehensweise abzielen, sehr klar auf einen Themenparkplatz verweise. Über die dort geparkten Themen kann ich dann bei anderer Gelegenheit ausführlich als Vorgesetzte Stellung nehmen oder in Diskussion treten.*

***Sechstens:** Für Themenstellungen, bei denen ich als Vorgesetzte mit meiner fachlichen wie persönlichen Einschätzung selbst aktiv und ausführlich mitdiskutieren möchte, wähle ich bewusst die Form eines selbst moderierten, offenen Meinungsaustauschs oder ich organisiere eine externe Moderation. In beiden Fällen kann ich als Vorgesetzte meine Sichtweise einbringen und vertreten, wobei beim selbst moderierten Meinungsaustausch der unter Punkt vier beschriebene Rollenwechsel deutlich anspruchsvoller ist. Dabei hat es sich für mich bewährt, sowohl einhellig wie auch kontrovers diskutierte Punkte und Teilaspekte just in time schriftlich zu fixieren und zu clustern. Das Ergebnis ist dann eine Art visualisiertes Meinungsbild. Auf dieser Basis kann ich als Führungskraft meine Entscheidung treffen, das Kollegium hat an der Entscheidungsgrundlage mitgewirkt und der Vorgang ist transparent. Darauf lässt sich dann wiederum ein partizipatives Format, wie unter Punkt eins bis fünf beschrieben, aufsetzen, in dem kollektiv und ergebnisoffen die Umsetzungsdetails festgelegt werden.«*

2.2 Vergiss die Wahrheit!

Yes – es hat wieder geklappt! Jedes Mal dasselbe Spiel und jedes Mal derselbe Ausgang. Na ja, eigentlich ein komplett anderer, aber es kommt dennoch aufs Gleiche raus. Doch von vorne: Bei den virtuellen Infoabenden meines Ausbildungsinstituts starte ich meinen Input gerne mit der Einladung an die Teilnehmenden, die Augen zu schließen und sich an ihr persönliches Traumurlaubsziel zu beamen. Beim anschließenden stichprobenmäßigen Abfragen stellt sich schnell heraus, dass diese so was von meilenweit auseinanderliegen und auch in der sonstigen Ausprägung ziemlich variieren. Die genannten Destinationen unterscheiden sich aber auch von Infoabend zu Infoabend. Also nicht die vermeintlichen Klassiker einmal Berge, einmal Meer. Und manchmal sind es Destinationen, an denen die Teilnehmenden schon waren und wunderbare Erinnerungen in sich tragen und manchmal sind es Ziele, die sie noch nie gesehen haben aber unbedingt einmal bereisen wollen.

So wie bei den gedanklichen Reisen, passiert's übrigens auch im richtigen Leben. Alles, was da draußen so los ist, nehmen wir durch unsere eigene Brille wahr. Mein neues Wahrnehmungs-Brillen-Modell heißt »Camper Van«: Mein Mann und ich sind seit Kurzem stolze Besitzer eines als Wohnmobil ausgestatteten Kastenwagens. Wir verpassen keine Gelegenheit, die nähere und weitere Umgebung zu erkunden und unsere Wochenenden auf den immer neuen Stell- und Campingplätzen zu verbringen. Ein Traum! Letzte Woche habe ich damit beruflich eine längere Strecke auf der Autobahn zurückgelegt. Und was glaubst du, was ich gesehen habe? Klar! Lauter Camper Vans. Ich gebe zu, der Trend zum Wohnmobil in allen Ausprägungen ist deutlich gestiegen und demzufolge sind logischerweise auch mehr solcher Vehikel auf der Straße zu sehen. Aber der springende Punkt ist: Ich kannte diese Art von Wohnmobil bis vor wenigen Monaten gar nicht. Und deshalb habe ich diese Fahrzeugkategorie nie bewusst wahrgenommen und schon gar nicht mit meinen Wochenenden in Verbindung gebracht. Hallo? Das waren doch irgendwelche Transporter!

Es wird niemals zwei Menschen geben, die zugleich auf die gleiche Art und Weise das Gleiche erleben.

Sonja Radatz (*1969), Coach, Institutsleiterin, Autorin

Für gute Moderatoren und Moderatorinnen ist es hilfreich, sich dieses Umstandes bewusst zu sein. Jeder von uns trägt seine ganz individuellen Werte, Prägungen und Erfahrungen in sich. Und genau diese Werte, Prägungen und Erfahrungen entscheiden letzten Endes darüber, wie wir andere Menschen, Dinge und Situationen wahrnehmen und bewerten. Jeder betrachtet die Welt aus seiner ganz persönlichen Perspektive. Aus dieser nehmen wir unsere Umwelt wahr. Und jede Perspektive lässt die Umwelt in ihrem ganz individuellen Licht erscheinen. So ist das auch mit deinen Teammitgliedern, Kunden und Freunden – sie schauen alle auf eine gemeinsame Sache, doch durch die unterschiedlichen Perspektiven sieht jeder etwas ganz anderes.

Die Welt ist eine Unendlichkeit aus möglichen Sinneseindrücken und wir können nur einen kleinen Teil davon wahrnehmen. Und selbst dieser Teil, den wir über unsere Sinnesorgane wahrnehmen können, wird entsprechend den individuellen Einstellungen, Erfahrungen und Interessen noch weiter gefiltert (O'Connor, Seymour 2004: 27). Auf unseren Camper Van bezogen heißt das, dass andere Verkehrsteilnehmer diese vermeintlich zahlreichen Fahrzeuge möglicherweise gar nicht bewusst wahrnehmen und falls Sie diese denn wahrnehmen, dies in einem ganz eigenen Lichte tun, da sie damit ihre ganz eigenen Gefühle, Erinnerungen und Erfahrungen verbinden.

Was ich also sehe, ist nicht die Welt. Es ist mein Modell der Welt!

Der bekannte Kommunikationswissenschaftler Paul Watzlawick unterscheidet zwei Kategorien von Wirklichkeiten (Watzlawick 2015: 142):

Wirklichkeit erster Ordnung

Hierunter versteht er rein physische und daher weitgehend objektiv feststellbare Eigenschaften von Dingen.

Wirklichkeit zweiter Ordnung

Diese bezieht sich auf die Zuschreibung von Sinn und Wert, von mentalen Konzepten und Meinungen. Folgendes von Watzlawick angeführtes Beispiel verdeutlicht seine Aussage, dass es im Bereich der Wirklichkeit zweiter Ordnung absurd sei, darüber zu streiten, was *wirklich* wirklich ist: »Die Tatsache, dass eine Person ins Wasser sprang und einen Ertrinkenden rettete, lässt sich objektiv feststellen. Ob sie es aus Nächstenliebe, Effekthascherei oder deswegen tat, weil der Gerettete ein Millionär war, dafür gibt es keine objektiven Beweise, sondern nur subjektive Deutungen« (Watzlawick 2015: 143).

Die objektive Wirklichkeit gibt es also nicht – sie entsteht im Auge des Betrachters. So entstehen zwangsläufig Enttäuschungen. Und diese rühren einzig und allein daher, dass wir Bezeichnungen mit klaren Vorstellungen davon, »wie es sein soll« verbinden und davon ausgehen, dass alle anderen ähnlich denken und ähnliche Wertvorstellungen haben wie wir (Radatz 2003: 33). Da stellt sich doch direkt die Gretchenfrage, ob diese Erkenntnis denn nun eine gute oder doch eher eine schlechte Nachricht ist, wenn wir sie im Kontext sinnstiftender Meetings und Moderationen betrachten. Für mich ist die Antwort so klar wie einfach: Auf jeden Fall eine gute! Denn genau durch diese Unterschiedlichkeit wird es doch erst möglich, vielfältige Perspektiven und Expertisen in die Lösungsfindung mit einzubeziehen. Kreativität und Innovation entstehen immer durch neue Ideen, Inspirationen und Erfahrungen und niemals durch mehr vom Gleichen. Moderation und Teilnehmende müssen es nur zulassen.

Keine Frage – beim Moderieren haben wir es mit einem homogenen Team in der Regel leichter als mit einer bunt zusammengewürfelten Gruppe. Doch um was geht es denn wirklich? Geht es darum, dass wir Moderierenden smooth durchs Meeting kommen oder geht es darum, dass am Ende des Tages sinnstiftende und vielleicht sogar innovative Ergebnisse entstehen? Eben.

Wie gut die Handhabe von Heterogenität in Meetings gelingt, ist insbesondere von zwei entscheidenden Faktoren abhängig: Der ganz persönlichen Einstellung und der gelebten Unternehmens- beziehungsweise Teamkultur.

Bleiben wir zunächst bei der persönlichen Einstellung. Mit der Annahme, dass jede Wirklichkeit im Auge des Betrachters entsteht, prägt sich eine Toleranz aus, die uns als Moderierende dabei unterstützt, wertschätzend und offen mit unseren Teilnehmenden umzugehen. Während meiner systemischen Coachausbildung hat uns unsere Ausbilderin immer und immer wieder den folgenden Satz ans Herz gelegt: »Haltung schlägt Tool«. So einfach. So klug. Und hier fängt er an zu greifen. Wenn es denn nicht die eine Wahrheit gibt, dann kann ich sie nicht kennen. Und auch jede Teilnehmerin und jeder Teilnehmer hat eine ganz eigene Sicht auf das zu besprechende Thema. Oder um es mit den Kölnern zu sagen: »Jeder Jeck ist anders!« Sich dieser Vielfalt und Individualität einer Gruppe bewusst zu sein und ihr tolerant gegenüber zu stehen, ist ein erster wichtiger Haltungsschritt. Entscheidend aber ist der darauffolgende zweite: Wir sollten uns auch gerne darauf einlassen! Erst dann wird's rund – und vor allen Dingen für die Teilnehmenden erlebbar!

Ohne die ehrliche innere Haltung, dass die Mitarbeitenden, Kolleginnen, Projektpartner oder Familienmitglieder einen bereichernden Beitrag zur Lösung einer Fragestellung leisten können, wird echte Beteiligung auch schwer gelingen. Denn die Haltung der Moderierenden ist ausschlaggebend für den Verlauf und auch den Erfolg des Meetings beziehungsweise des Workshops.

2.3 Business-Hacks Mindset

Eine Haltung als förderlich und sinnvoll zu erachten ist eine Sache, diese in Besprechungssituationen dann auch authentisch und pragmatisch mit Leben zu füllen, eine andere. Wie schaffe ich es also, die (gewollte) innere Einstellung und Überzeugung auf die pragmatische Handlungsebene herunterzubrechen? Damit es nicht bei hehren Vorsätzen und gut gemeinten Überzeugungen bleibt, sondern am Ende auch für die Teilnehmenden ein Unterschied spürbar und wirksam wird.

Die nachfolgenden Business-Hacks geben dir einfach umsetzbare Anregungen, mit denen du in deinem nächsten Meeting direkt loslegen kannst. Warte bloß nicht, bis du die letzte Buchseite gelesen hast, sondern fang jetzt direkt an. Ganz getreu dem viel zitierten Motto: »Machen ist wie Wollen nur krasser!« Also – let's go!

Hack #1: Mindset »Vergiss die Wahrheit!«

Super hilfreich ist ein visueller Mindset-Anker, der dich gleichwohl dezent wie kontinuierlich daran erinnert, dass es so viel mehr gibt als die EINE WAHRHEIT. Das könnten beispielsweise verschiedene Brillen sein, die die unterschiedlichen Sichtweisen repräsentieren, die berühmten Mokassins des anderen, in denen man tausend Schritte gehen sollte oder jedes andere Bild, das du ganz persönlich mit Multiperspektivität in Verbindung bringst. Ich denke da an unseren heiß geliebten Camper Van, der mich daran erinnert, dass er für manch andere Person einfach nur ein Kastenwagen ist. Ein super Beispiel ist übrigens auch eine ganz normale Mineralwasserflasche. Stellst du diese zwischen zwei Personen, sehen beide eine Wasserflasche. Näher nachgefragt tun sich aber große Unterschiede auf: Eine Person sieht das ansprechend gestaltetes Etikett und weiß auch um Namen und Spritzigkeit des Wassers. Das war's dann aber auch. Die andere Person hatte die optisch weniger attraktive Seite im Blick. Dafür kann sie alle Inhaltsstoffe aufzählen. Beide sehen das Gleiche – und doch etwas ganz anderes!

Finde für dich das Motiv oder Symbol, das auch tatsächlich das Zeug dazu hat, dich zu triggern. Damit du auch im Eifer des Gefechtes daran denkst, deine Haltung immer wieder zu reflektieren und auszurichten. Perfekt ist es, wenn du deinen persönlichen Mindset-Anker im Meeting stets vor Augen hast. Ob als Motiv auf der Kaffeetasse, skizziert auf deinem Notizblock, als Foto auf dem Sperrbildschirm deines Tablets oder in Form eines neuen Schreibgerätes, das durch seine Farbe oder Form für dich Symbolcharakter hat. Bei Onlinemeetings hast du hier natürlich eine unfassbare Fülle an Möglichkeiten. Und du wirst auch in Präsenz einen wirkungsvollen Anker finden! Schau einfach, was dich anspringt!

Hach #2: Mach's-konkret!-Fragen

Fragen sind das wichtigste Handwerkszeug in der Moderation. Direkt in deine Toolbox Einzug halten sollten ab sofort die Konkretisierungsfragen. Sie helfen dir, die theoretische Erkenntnis, dass es »die eine Wahrheit nicht gibt«, ganz pragmatisch im nächsten Meeting umzusetzen. Nehmen wir beispielsweise die unzähligen mehr oder weniger kryptischen Redewendungen und Begrifflichkeiten, die den Business-Alltag heute prägen und selbstredend auch in Meetings omnipräsent sind: Auch wenn diese Begrifflichkeiten oft und gerne genutzt werden, so ist noch lange nicht sichergestellt, dass alle Teilnehmenden auch tatsächlich das Gleiche darunter verstehen, wenn sie von »Transformation« und »Diversifizierung« sprechen oder den »Übergang in ein Kollaboratives Modell« ausrufen.

Du weißt ja: »Jeder Jeck ist anders!« Um einen gleichwohl sinnstiftenden wie effizienten Dialog zu ermöglichen, ist es deshalb entscheidend, die jeweiligen Perspektiven zu hinterfragen und sichtbar zu machen. Konkretisierungsfragen können sein:

- »Woran genau machst du XY fest?« oder
- »Was konkret bedeutet für dich XY in unserem speziellen Kontext?«

Das klingt simpel? Die einen sagen so – die anderen so. Denn wenn auch die Formulierungen nicht super fancy daherkommen, so werden diese vermeintlich einfachen Fragen in der Praxis viel zu selten gestellt. Keinesfalls aus einer bösen Absicht heraus, sondern vielmehr weil alle der Meinung sind, dass alle vom Selben sprechen. Also ab sofort: Konkrete Fragen statt Bullshit-Bingo!

Hack #3: Schlagworte mit Verhaltensnachfragen klären

Apropos Bullshit-Bingo. Das erleben wir auch gerne, wenn es um Themen der Kommunikation und des zwischenmenschlichen Miteinanders geht. Denn hier wird's meistens ziemlich generös und die Gespräche sind gespickt mit großen Begrifflichkeiten wie Wertschätzung, Offenheit und Verlässlichkeit. Die klingen alle super und haben durchaus ihre Berechtigung. Deshalb finden wir sie ja auch in Unternehmensleitbildern und auf Hochglanzbroschüren. Aber wenn wir uns jetzt – vielleicht ja dank unseres Mindset-Ankers – die verschiedenen Sichtweisen der unterschiedlichen Teilnehmenden in unser Bewusstsein holen, könnten wir uns durchaus die Frage stellen, ob Wertschätzung für den zurückhaltenden Kollegen aus der Buchhaltung tatsächlich genau das Gleiche bedeutet wie für die quirlige Werksstudentin oder die erfahrene Vertriebsmitarbeiterin? Ja? Nein? Vielleicht? Wir wissen es nicht!

Sinn ergeben diese beliebten Schlagworte deshalb erst dann, wenn sie mit Leben gefüllt werden. Und das erreichst du, indem du wieder eine Konkretisierungsfrage stellst. Diesmal aber eine, die auf das konkrete Verhalten abzielt: Ein Beispiel wäre: »An welchem konkreten Verhalten macht ihr fest, dass eure Kolleginnen und Kollegen euch wertschätzen?« Stell deine inneren

Alarmglocken also im nächsten Meeting auf Schlagwort-Empfang und hinterfrage diese dann mit einer konkreten Verhaltensfrage.

2.4 Denken im Mobile

Eins vorneweg: Ich fahre wirklich gerne mit der Deutschen Bahn! Und ich habe auch uneingeschränkten Respekt davor, was zu bewältigen und kurzfristig umzuorganisieren ist, wenn Einflüsse von außen kurzerhand den ganzen Betrieb lahmlegen. Schließlich ist die Bahn ein überaus komplexes System. Meine kürzlich erlebte Geschichte möchte ich hier mit euch teilen, denn sie passt so wunderbar zum Denken in Auswirkungen: Den Anfang nahm alles, nachdem mein Rückflug vom Seminar in Hamburg einen Tag zuvor annulliert wurde. Ich dachte bei meiner nächsten Seminarreise kurze Zeit später: »Sei schlau – buche den Flug um und fahr gleich mit der Deutschen Bahn. Gesagt getan. Na ja, fast. Da die Onlinebuchung an mehreren Tagen nicht funktionierte, ist meine Mitarbeiterin direkt zum Bahnhof gefahren. Sie war also Beteiligte Nummer eins dieser Umbuchungsaktion. Dann gab es eine Änderung für das Seminar: Um den Zug zu bekommen, musste das Seminar allerdings eine Stunde früher enden. Ich gab meinen Teilnehmenden (Beteiligte Nummer zwei) im Vorfeld Bescheid. Eine Teilnehmerin kam auch mit der Bahn nach Hamburg und hatte ihre Rückfahrt schon gebucht. Mit Super-Sparpreis ohne Zugwechsel. Sie hatte jetzt also vermeintlich sinnlose Stunden zu verbringen und ist Beteiligte Nummer drei. Sie kam dann auf die Idee, eine schon lang nicht mehr gesehene Bekannte anzurufen und ein Treffen zu vereinbaren. Die sehr positiv beeinflusste Person war nun Beteiligte Nummer vier. Denn die beiden verbrachten eine tolle Zeit an der Alster. Und es ging weiter. Am Seminartag selbst bin ich also pünktlich zum Bahnhof gegangen und erfuhr, dass zwischen Hamburg Hauptbahnhof und Hamburg Harburg eine Fliegerbombe gefunden worden war ... Keine Chance auf eine Heimfahrt mit dem Zug! Ich wagte also aufs Geratewohl die Fahrt zum Flughafen, um zu schauen, ob ich denn noch eine Chance hätte, kurzfristig ein Ticket zu buchen. Irgendwann war ich glücklich zu Hause. Das für mein Bahnticket bezahlte Geld durfte dann meine Mitarbeiterin wieder einfordern ...

Was will ich also sagen: Alles, was wir tun, hat wechselseitigen Einfluss!

Sonja Radatz (*1969), Coach, Institutsleiterin, Autorin

In der Systemlehre, die ich meinen Moderationen zugrunde lege, prägt diese Überzeugung unsere komplette Arbeit. Verdeutlicht wird das gerne mit dem Symbol des Mobiles. Wenn du eine Stelle anstößt, gerät das Ganze in Bewegung. Möglicherweise wirkt die Bewegung auf das eine Element stärker als auf das andere. Aber tangiert sind alle davon.

Mit dieser Betrachtungsweise verabschieden wir uns vom eindimensionalen »Ursachen-Wirkung-Denken«. Hier geht es vielmehr um die Dynamik und die Wechselwirkungen innerhalb des gesamten Systems. Keine Handlung bleibt ohne Auswirkung. Diese Erkenntnis lässt uns anders an die Vorbereitung und Durchführung einer Moderation herangehen. Bereits im Vorfeld kann ich mir – oder meinen Auftraggebenden die Frage stellen: Haben wir denn bei der geplanten Moderation wirklich alle an Bord?

Das Bewusstsein, dass keine Handlung ohne Auswirkungen bleibt, spielt auch eine Rolle, wenn wir uns mit Moderationen beschäftigen. Denn die Auswirkung dessen, was im Meeting oder Workshop vereinbart wird, reicht häufig über den Verantwortungsbereich der Teilnehmenden hinaus. Von einer Änderung im Projektteam sind möglicherweise auch die Ursprungs-Abteilungen der Mitarbeitenden betroffen. Und dann gibt es da natürlich auch noch jede Menge anderer Stakeholder, die am Ende ein Wörtchen mitzureden und möglicherweise auch ihr Okay zu geben haben. Mit dem symbolischen Mobile vor Augen fällt es leichter, Auswirkungen zu antizipieren. Hat man das Ganze im Blick, weitet sich der eigene Horizont um die Perspektiven anderer Beteiligter. So entstehen einerseits ganz neue Gedanken und Ideen. Und andererseits lassen sich Fallen, in die man möglicherweise hineintreten könnte, im Vorfeld erkennen und umgehen.

2.5 Im Safe Space durch die Decke – psychologische Sicherheit als Basis erfolgreicher Teams

Wenn wir uns die Verbesserung des gemeinsamen Miteinanders in Meetings und Workshops auf die Fahnen schreiben, um gemeinsam effizienter und erfolgreicher zu sein, fühlen wir uns magisch angezogen von vielversprechenden Tools und neuen Techniken. Ganz gleich ob in der virtuellen Welt oder live und in Farbe. Wie cool ist es denn bitteschön, mit einem top gestylten Avatar durch virtuelle Welten zu spazieren und sich begleitet von sanftem Meeresrauschen mit einem – sagen wir fast so schönen – anderen Avatar über innovative Lösungen für die Zukunft des Unternehmens auszutauschen. Wer so hip auftritt, kann doch nur hippe Lösungen generieren – oder?

Doch kommt die hippe Lösung wirklich durch hippe Tools? Wir brauchen cooles Zeug und viele Menschen lieben es, doch sie sind nichts anderes als die Kirsche auf der Torte. Wenn auch recht große, attraktive und ziemlich leckere Kirschen. Und ja, wir brauchen diese Zuckerl für erfolgreiche Moderationen und du wirst in diesem Buch noch einen ganzen Korb voller erntereifer Kirschen finden. Denn natürlich arbeite ich selbst ebenso mit verschiedensten Methoden und liebe es, neue kennenzulernen und auszuprobieren – oder noch besser, einfach selber passgenaue Tools zu bauen. Aber das wird immer nur der zweite Schritt sein. Wenn wir auf das Gelingen von Meetings und Workshops schauen, dann werden die grundlegenden Erfolgsparameter an anderen Stellen gesetzt.

Und jetzt kommt das Dilemma: Zur Basis eines konstruktiven Miteinanders gehört eine Atmosphäre, in der es erlaubt ist, Fehler zu machen, Fragen zu stellen und das eigene Nichtwissen zu teilen. Und genau diese Atmosphäre wird ganz schnell abgehakt. Geschenkt. »Klar können wir offen reden. Wir sind doch alles erwachsene Menschen. Also können wir jetzt zur Sache kommen?« Genau dieses schnelle Abhaken und das für sich Reklamieren einer konstruktiven, offenen Arbeitsatmosphäre ist der entscheidende Schritt in die falsche Richtung. Nur wer sich ernsthaft und kritisch mit der vorherrschenden Team-

und Unternehmenskultur auseinandersetzt, hat auch die Chance, bei Bedarf gegenzusteuern und einen neuen Weg einzuschlagen. Dass es sich hierbei allerdings um keinen Sprint, sondern vielmehr um einen Marathon handelt, steht außer Frage. Doch auch dieser beginnt mit einem ersten Schritt. Also mutig voran!

In den meisten Arbeitsumgebungen halten sich heute viele Menschen viel zu oft zurück – sie scheuen es, etwas zu sagen oder zu fragen, das sie in einem schlechten Licht erscheinen lässt. Noch komplizierter wird es dadurch, dass in einer Wirtschaft, in der die Unternehmen globaler und komplexer werden, ein größerer Teil der Arbeit in Teams erledigt wird. Die Mitarbeiter auf allen Hierarchieebenen verbringen heute fünfzig Prozent mehr Zeit damit, mit anderen zusammenzuarbeiten als noch vor zwanzig Jahren. Es ist also nicht genug, talentierte Mitarbeiterinnen einzustellen; sie müssen gut zusammenarbeiten können. (Edmondson 2021: XIV)

Wie genau definiert sich nun diese Atmosphäre, in der ein gutes Miteinander möglich ist? Die amerikanische Wissenschaftlerin, Professorin und Autorin Amy C. Edmondson spricht von einem Zustand, in dem die Mitarbeitenden sich ausdrücken und sie selbst sein können und nicht durch zwischenmenschliche Angst behindert werden und fasst dies unter dem Begriff der psychologischen Sicherheit zusammen.

Nun ist Angst ein großer Begriff, der dir hoffentlich nicht zuerst in den Sinn kommt, wenn du an dein persönliches Arbeitsumfeld denkst. Und doch ist die Angst immer mit im Raum, wenn Menschen zusammenkommen. So auch in Meetings und Workshops. Wenn auch subtil und unbewusst, so prägt sie doch das gemeinsame Miteinander. Da ist der unterbewusste Vergleich mit den Kolleginnen und Kollegen. Hinzu kommt die Befürchtung, vor der Führungskraft eine schlechte Figur zu machen und am Ende als inkompetent und unfähig oder aber als Besserwisser abgestempelt zu werden. Oder auch die Angst, als verrückter Spinner oder nörgelnder Bedenkenträger ausgegrenzt zu werden.

Solche Denkmuster sind zutiefst menschlich und doch fatal. Denn aufgrund der unbewussten Sorge, etwas Falsches zu sagen, halten viele Menschen mit ihren Ideen und Lösungsansätzen – aber auch mit ihren Kritikpunkten und Befürchtungen hinter dem Berg.

Was hierbei erschwerend hinzukommt, ist die typische Risikoeinschätzung, wenn es um die Entscheidung »Reden« oder »Schweigen« geht.

Denn häufig ist vermeintlich keine akute Not da, das Wagnis des Redens einzugehen. In dieser situativen Abschätzung, ob der spontane Gedanke denn jetzt geteilt werden sollte oder nicht, entscheiden wir über hohes Risiko im Hier und Jetzt versus potenziellen Nutzen in der Zukunft. Und hier hat die Zukunft immer schlechtere Karten. Ich weiß ja noch gar nicht, ob diese unausgegorene Idee tatsächlich für den künftigen Erfolg des Unternehmens entscheidend werden könnte. Ich weiß aber, dass die Gefahr präsent ist, dass ich hier und jetzt von den anderen Teammitgliedern oder vom Chef schräg angeschaut werde. Also lass ich es lieber bleiben. Einatmen, ausatmen – fertig. Ist doch gar nichts passiert. Gefahr gebannt. Chance auch.

Richtig kritisch kann es übrigens werden, wenn wir bei den zurückgehaltenen Äußerungen eine Gefahr identifiziert haben und uns entweder nicht trauen, diese zu äußern, weil wir damit der Führungskraft widersprechen würden oder – und das kommt weitaus öfter vor – weil wir uns selbst sofort infrage stellen, da es ja nicht sein kann, dass die andere Person dies nicht weiß oder nicht daran gedacht hat. Also suchen wir den Fehler bei uns und halten uns mit der als unbequem wahrgenommenen Kritik zurück. Bestimmt haben wir uns getäuscht oder die Situation völlig falsch eingeschätzt.

Auch wenn die direkte Gefahr, sich zu blamieren durch das Schweigen gebannt werden konnte, fühlt sich das für die Betroffenen in der Nachbetrachtung nicht mehr gut an (Das ist ungefähr so, wie wenn uns unser innerer Schweinehund vor dem Spaziergang bei Regen und Sturm bewahrt und wir uns abends mit vollgefuttertem Bauch dann doch nicht so richtig gut fühlen).

Und für das Unternehmen wurden auf diese Weise Chancen vergeben, oder Risiken eingegangen. Eine klassische Lose-lose-Situation.

Nun sind logischerweise nicht alle Ideen ein Volltreffer. Und Fehler passieren. Und ja – natürlich auch in einer Umgebung der psychologischen Sicherheit. Der Unterschied wird deutlich, wenn man den Umgang betrachtet. Durch gelebte Transparenz und Ehrlichkeit im Umgang mit Fehlern haben alle die Chance, aus den Fehlern zu lernen. Werden diese – aus Angst, sich zu blamieren – unter den Teppich gekehrt, sind sie dennoch passiert. Und die damit einhergehende Chance des Lernens bleibt ungenutzt.

Die Bedeutung und Wirksamkeit von psychologischer Sicherheit ist übrigens wissenschaftlich nachgewiesen. In einer Studie beschäftigte sich die amerikanischen Psychologin Amy C. Edmondson mit den Auswirkungen von Teamarbeit eines Krankenhaus-Teams auf ihre medizinischen Fehlerquoten. Die Effektivität der Teams wurde den Fehlerquoten gegenübergestellt. Das ziemlich unerwartete Ergebnis war, dass die effektivsten Teams tatsächlich die höchsten Fehlerquoten hatten. Die zunächst irritierende Erkenntnis wurde in weiteren Forschungen untersucht und hat an verblüffender Klarheit gewonnen. Die Teams hatten deshalb die höchsten Fehlerquoten, weil sie Misserfolge transparent gemacht und offen darüber gesprochen haben. Gemeinsam konnten sie so Wege finden, Fehler besser zu bemerken und zu verhindern. Fehler, die unter den Teppich gekehrt werden, erscheinen in keiner Statistik. So ist das halt mit den weißen Westen ... Wer keine schlechten Nachrichten duldet wird auch selten welche bekommen. Mit der tatsächlichen Situation hat das dann nicht unbedingt etwas zu tun.

Keine Frage, dass die Begrifflichkeit der psychologischen Sicherheit absolut zutreffend ist. Und ich würde mir auch niemals anmaßen, daran zu rütteln. Und doch fürchte ich, dass diese wertvollen und zukunftsorientierten Erkenntnisse bei der Einen oder dem Anderen schnell in die Kuschel-Schublade verbannt werden. Komplett zu unrecht. Denn es geht hierbei weder um übertriebene Freundlichkeit, noch um gleichmachende Harmonie. Sondern vielmehr um eine von Aufrichtigkeit geprägten Arbeitsatmosphäre, in der konstruktive Auseinandersetzungen die Teams beim Wachsen und Lernen unterstützen. Es geht um Transparenz und Ehrlichkeit. Und darum, gemeinsam besser zu werden. Genaugenommen geht es um den Nährboden von Bestleistungen. Und möglicherweise ist meine persönliche Sicht auf die Begrifflichkeit einfach nur geprägt von einer langen Zeit inmitten selbstgefälliger Hosenträgerschnalzer.

In ihrem Buch »Die angstfreie Organisation« setzt Amy C. Edmonson den Faktor der psychologischen Sicherheit in einem Unternehmen mit dem Leistungsstandard in Bezug. Besonders interessant sind hier die beiden Zonen, bei denen die Leistungsstandards hoch sind. Treffen hohe Standards auf geringe psychologische Sicherheit, dann fürchten sich die Mitarbeitenden davor, sich zu äußern, was sich sowohl negativ auf die Qualität der Arbeit als auch auf die Sicherheit auswirkt. Amy C. Edmonson bezeichnet diese Konstellation als Angst-Zone. Und was erschreckend ist – in ihren Forschungen und Erhebungen hat sie festgestellt, dass diese Situation heute leider viel zu häufig in Organisationen anzutreffen ist.

Treffen hingegen hohe Standards auf eine hohe psychologische Sicherheit, dann spricht Edmonson von der Zone des Lernens und der Bestleistungen. »Hier können die Menschen zusammenarbeiten, voneinander lernen und komplexe innovative Arbeit erledigen. In einer VUCA-Welt werden Bestleistungen möglich, wenn die Menschen bei der Arbeit ständig aktiv dazulernen.« Von der sogenannten VUCA-Welt spricht man immer dann, wenn die Rahmenbedingungen für Unternehmen von Unbeständigkeit, Unsicherheit, Komplexität und Mehrdeutigkeit geprägt sind.

Psychologische Sicherheit ist also keineswegs ein Nice-to-have, sondern vielmehr eine Erfolg versprechende Antwort auf die Herausforderungen, die die Arbeitswelt heute und morgen bereithält. Oder anders gesagt: Unternehmen, die sich der psychologischen Sicherheit verschließen, setzen ihre eigene Zukunftsfähigkeit aufs Spiel.

Beispiele, was in Unternehmen mit niedriger psychologischer Sicherheit passieren kann, liefert die Vergangenheit zuhauf. Und nicht selten handelt es sich dabei um einen Absturz von ganz oben. Ich erinnere an den VW Dieselskandal. Solche Skandale hatten ihren Ursprung nicht per se in der kriminellen Energie einzelner Mitarbeitenden, sondern vielmehr in der überzogenen Erwartung und Zielvorgabe von ganz oben, die bei Nichterreichen mit schärfster Konsequenz abgestraft wurde.

Nun ist das entscheidende Stichwort gefallen: »ganz oben«. Richtig. Wenn ein Unternehmen sich auf den Weg machen möchte, eine Kultur von psychologischer Sicherheit zu erschaffen, dann geht das nur, wenn die oberste Leitung dahinter steht. Du bist gar keine Konzernlenkerin oder Konzernlenker? Das ist kein Grund, die psychologische Sicherheit gedanklich beiseite zu legen. Denn jetzt kommt das große »Ja genau, und«. Wir alle haben einen kleineren oder größeren Einflussbereich, in dem wir uns aktiv und persönlich dafür entscheiden können, die Erkenntnisse der psychologischen Sicherheit zu nutzen und innerhalb unseres Beeinflussungsgrads anzuwenden. Und gerade in der Moderation, in der wir unsere Gruppe sinnhaft dabei unterstützen möchten, ihrem gemeinsamen Ziel näherzukommen, bietet uns die psychologische Sicherheit wertvolle Ansatzpunkte, um unser Tun auszurichten und uns selbst immer wieder kritisch zu hinterfragen.

Was wir vom Konzept der psychologischen Sicherheit für die Moderationskultur lernen können:

- Absolute Transparenz und Ehrlichkeit bezüglich Ziel und Rahmenbedingungen der Moderation sowie des konkreten Beeinflussungsgrads der Teilnehmenden.
- Das konstruktive Lernen aus Fehlern als wichtiger Bestandteil von Meetings und Workshops.
- Keine Verklausulierung und kein Bullshit-Bingo – vielmehr eine offene, niederschwellige und vor allen Dingen klar verständliche Fragestellung in Meetings und Workshops und damit einhergehend die Einladung zu interaktiver Beteiligung.
- Permanentes Sicherstellen des gemeinsamen Verständnisses.

Alle haben ihre ganz individuelle Sicht auf eine Fragestellung. Durch aktives Einhaken und Nachfragen werden die verschiedenen Perspektiven sichtbar und ermöglichen so gelebte Transparenz und Klarheit:

- Eine Bühne für nicht Bühnenreifes etablieren. Durch eine Ritualisierung des Teilens von unausgegorenen Ideen wird die Hemmschwelle abgebaut, Unfertiges zu einem frühen Zeitpunkt vorzustellen.
- Eine Meetingkultur der psychologischen Sicherheit gemeinsam gestalten und voranbringen. Die Einführung und Etablierung eines neuen Wie der Zusammenarbeit in Meetings und Workshops ist mit einem langen Weg verbunden. Diesen kontinuierlich zu beschreiten und sich dabei zu reflektieren sollte fester Bestandteil regelmäßiger Meetings sein.
- Erfolge auf dem Weg zur neuen Meetingkultur feiern. Man muss die Feste feiern, wie sie fallen. Erfolge auch. Deshalb ist es wichtig, sich den Fortschritten auf dem Weg zum großen Ziel gewahr zu werden und sich auch einmal auf die Schulter zu klopfen.

2.6 Jetzt wird ernst gemacht mit lebenslangem Lernen

Psychologische Sicherheit ist das Fundament für das Arbeiten von morgen. Sie ermöglicht durch den offenen Umgang mit Fehlern das angstfreie Arbeiten und kontinuierliche Lernen. Das Lernen bezieht sich in diesem Kontext auf die Erkenntnisse, die aus dem Teilen von Misserfolgen gezogen werden. Darüber hinaus sollte aber auch ein weiterer Aspekt des Lernens in Meetings eine bedeutende Rolle einnehmen: Das Teilen von Expertise. Denn hier findet sich der entscheidende Stellhebel, um Komplexität zu managen und anspruchsvolle inhaltliche Herausforderungen durch kollektive Intelligenz zu meistern.

Ich spreche liebevoll von meinem früheren Leben, wenn ich mich an meine Ausbildung zur Bankkauffrau zurückerinnere, die ich Ende der 1980er-Jahre bei der Volksbank Backnang eG absolviert habe. Damals war es in der Tat so, dass der Chef (Chefinnen waren damals eine eher rare Spezies) auch über das meiste Fachwissen der Abteilung verfügte. Heute setzen sich Teams in Banken meist aus einer ganzen Reihe von Expertinnen und Experten zusammen und es ist mitnichten so, dass der führende Kopf auch der ist, der sich durch das meiste Fachwissen auszeichnet.

Es geht darum, zu akzeptieren, dass ich lauter Mitarbeiter beschäftige, die in allem, was sie tun, besser sind als ich.

Karsten Kühn

Karsten Kühn ist Vorstand Marketing und Personal bei der Hornbach AG und hat mit seiner Aussage im Podcast »On the Way to New Work« Folge 167 vom 4. November 2019 auf genau diese ausgeprägte Fachexpertise abgezielt.

Wenn ich vom Anspruch des Lernens in Meetings spreche, geht es nicht darum, dass einzelnes Fachwissen in einer solchen Tiefe vermittelt wird, dass die anderen Teilnehmenden alle Inhalte verinnerlichen und gleichermaßen zu Spezialisten werden. Ein Mehrwert entsteht vielmehr dadurch, dass die einzelnen Kolleginnen und Kollegen neugierig werden, eine konkretere Vorstellung des entsprechenden Wissens sowie den entsprechenden Auswirkungen und Potenzialen erhalten und mögliche Anknüpfungspunkte zu ihren eigenen Themen finden. Und wenn daraus wiederum ganz neue Ideen und Lösungsansätze entstehen, dann hat die kollektive Intelligenz ganze Arbeit geleistet! Wenn wir nun aber eine Kultur des Lernens anstreben, so braucht es auch ein Umfeld, in dem sich diese Kultur entwickeln und etablieren kann.

In ihrem Buch »On the Way to New Work« benennen Swantje Allmers, Michael Trautmann und Chistoph Magnussen (2022: 270) vier Merkmale, durch die sich ein lernförderndes Umfeld auszeichnet. Diese sind:

- Psychologische Sicherheit,
- Wertschätzung von Unterschieden,
- Offenheit für neue Ideen,
- Zeit zum Nachdenken.

Beziehen wir diese vier Merkmale auf das Moderationssetting, ergeben sich daraus konkrete Ansätze, die dich dabei unterstützen können, diese lernfördernde Umgebung auch in deinen Meetings und Workshops zu etablieren. Über die Bedeutung der psychologischen Sicherheit für ein zukunftsfähiges Arbeitsumfeld konntest du im vorangegangenen Kapitel schon jede Menge erfahren. Und vielleicht hast du dir ja auch schon die eine oder andere konkrete Idee herausgepickt und ausprobiert. Nachfolgend nun die Betrachtung der drei weiteren Merkmale aus meiner Moderationsperspektive:

Wertschätzung von Unterschieden

Während es an anderen Stellen hier im Buch häufig um unsere Einstellung gegenüber anderen Personen mitsamt ihren Ansichten und Verhaltensweisen geht, beziehen wir die Wertschätzung von Fremdem im Kontext des Lernens an dieser Stelle bewusst auf fachliche Inhalte, die über den eigenen Fokus hinausgehen genau wie auf andere Herangehensweisen zu gemeinsamen Themen. Es ist doch super spannend, zu erfahren, wie es dem Vertriebskollegen XY gelingt, das neue Produkt so erfolgreich zu vermarkten, während die Verkaufszahlen bei anderen eher dahin dümpeln.

Und auch in diesen Settings spielt die persönliche Haltung aller Beteiligten eine ganz entscheidende Rolle: Meine ich es ehrlich mit der Aufgeschlossenheit gegenüber neuen Themen und Herangehensweisen? Bin ich bereit, von anderen zu lernen? Oder denke ich insgeheim, dass ich es sowieso am besten weiß?

Was es zugegebenermaßen einfacher macht, sich auf die Themen der anderen einzulassen, sind Vortragende, die sich ihrerseits in die Mokkasins ihrer Zuhörenden begeben. Denn mit einem guten Gespür für deine fachfremden Zuhörenden wirst du deine Ausführungen hinsichtlich Breite und Tiefe so gestalten, dass die anderen auch die Chance haben, dir gedanklich zu folgen und idealerweise sogar einen Mehrwert zu entdecken. Denn Achtung: Der Ruf nach Wertschätzung von anderem Wissen sollte nicht zum Freibrief für Dauerlaberer mutieren! Deshalb: Mach's interessant! Und zwar aus der Perspektive der Teilnehmenden. Dann tun sich diese auch leichter damit, Interesse zu entwickeln und neue Inhalte wertzuschätzen. Übrigens wirken sich das gegenseitige Interesse an den Expertisen der anderen und die ehrliche Lust, noch mehr darüber zu erfahren spürbar auf das Arbeitsklima im Team aus. Auf einmal ist da jede Menge Energie im Raum!

Offenheit für neue Ideen

Gemeint ist mit dieser Forderung ein gewisses Maß an Risikobereitschaft, verbunden mit dem Drang, Neues zu erforschen und auszuprobieren. Heruntergebrochen auf das Lernumfeld in Meetings und Workshops, bedeutet dies, neue Gedanken nicht nur zuzulassen, sondern sie – auch wenn die Praxistauglichkeit alles andere als gesichert scheint – weiterzuentwickeln und auszuprobieren. Eine Idee braucht nicht immer eine Serienreife, um getestet zu werden. Wo vermeintlich verrückte Ansätze im Keim erstickt werden, haben Innovationen keine Chance. Für mich schwingen bei der Forderung nach Offenheit für neue Ideen übrigens ein hohes Maß an Freude und Leichtigkeit und jede Menge Aktivität mit. Neues Kennenlernen. Neues Zulassen. Neues Ausprobieren. Eine sehr gute Methode, die es zulässt, Gedanken erst einmal zu spinnen und auszumalen, ist die Methode Walt-Disney intense (siehe auch Kapitel 6.8). Hierbei geht es darum, Ideen nicht durch eine zu frühe kritische Betrachtungsweise sofort zu bewerten beziehungsweise abzuwerten, sondern vielmehr die entstandenen Ideen separiert aus unterschiedlichen Perspektiven zu betrachten.

Zeit zum Nachdenken

Timeboxing ist in modernen Meetings ein probates Mittel, um einerseits kreative Phasen zu befeuern und andererseits wenig produktive Laber-Runden von vornherein zu unterbinden. Doch verhält es sich hier wie bei jeder Medaille: Auch Timeboxing hat eine zweite Seite. So kann das konsequente Arbeiten gegen die Uhr auch wertvolle Gedanken ausschließen, wenn sie nicht ad hoc, sondern erst nach einer gewissen Reflexionszeit entstehen. Für mich ist es hier entscheidend, das richtige Maß zu halten. Und es stellt sich wie so oft die Frage nach der Absicht – nach dem Sinn dahinter. Wann ist welches Mittel das richtige? Es braucht in der Moderation generell eine gute Balance der

Dynamiken. Manchmal unterstützt Tempo den Prozess und an anderer Stelle braucht es eher Phasen der Stille, des Nachdenkens und des Reflektierens. Lernen ist immer auch ein Prozess. Und wenn ich etwas Fremdes kennenlernen und verstehen – ja im Idealfall sogar auf meinen persönlichen Kontext übertragen möchte –, dann ist Druck – welcher Art auch immer – ziemlich kontraproduktiv. Deshalb ist es für Phasen, in denen das Lernen im Vordergrund steht entscheidend, auch Phasen zum Nachdenken und Reflektieren einzuplanen.

2.7 Business Hacks zum gemeinsamen Lernen

Damit der Anspruch des voneinander Lernens nicht zur wohlklingenden Worthülse verkommt, braucht es konkrete Ansätze, um aktiv zu werden und dem Lernen einen eigenen Platz in deinen Workshops und Meetings einzuräumen. Mit den nachfolgenden Hacks kannst du direkt loslegen.

Hack #1: Inputs pitchen

Mach aus deinem Fachinput einen Pitch! Die Aufgabe eines Pitches ist es, den Zuhörenden deine Botschaft kurz, prägnant und aufmerksamkeitsstark zu vermitteln, sodass sie sofort verstanden wird und positiv im Gedächtnis bleibt. Die nachfolgenden Fragen unterstützen dich dabei, deinen reichen Erfahrungsschatz in interessante und vor allen Dingen leicht verdauliche Lern-Häppchen zu packen:

- Welches Kernthema möchtest du vermitteln?
- Was ist das Besondere, das Verblüffende dieses Themas?
- Welches Problem wird durch dieses Thema gelöst – was ist also der Nutzen?
- Wechsle nun in die Perspektive der Teilnehmenden: Welcher Aspekt ist für die Zuhörenden interessant?
- Und weiter aus der Perspektive der Teilnehmenden: Welche Fachbegriffe gilt es, zu erklären beziehungsweise Fragen zu antizipieren und beantworten, damit die Zuhörenden dir gut folgen können?

- Mit welchem Praxisbeispiel oder mit welcher Metapher lässt sich der Nutzen verdeutlichen?
- Und denke immer dran: Die Teilnehmenden sollen nicht in Anbetracht deines Wissens vor Ehrfurcht erstarren, sondern möglichst viel von dir lernen! Deshalb: Keep it simple!

Hack # 2: Lern-Feedback mit der »Neu-interessant-Frage«

Meist geht's nach Fachinfos in Meetings oder Workshops ruck zuck weiter im Text. Der nächste Agendapunkt wartet und die Zeit ist sowieso schon zu weit fortgeschritten ... So wird's schwierig mit der aktiven Wertschätzung des neu Gehörten und dem gegenseitigen Lernen. Gleichwohl wirkungsvoll wie zeitschonend ist hier die Einführung einer Turbo-Feedbackschleife. Diese zwingt einerseits die Teilnehmenden, sich noch einmal mit dem Gehörten zu beschäftigen und ist andererseits so kurz und strukturiert, dass sie nicht zum Agenda-Sprenger wird. Und so lautet das Lern-Feedback, das alle Teilnehmenden reihum in einen Satz packen: Was war für mich **neu**? Was kann hiervon für meinen Arbeitskontext **interessant** sein? Welche konkrete **Frage** habe ich noch? Das Lern-Feedback ist eine super sinnvolle Ergänzung zum Input-Pitch. Und noch wirkungsvoller wird er, wenn du zwischen die beiden aktiven Parts noch eine Sequenz zum Nachdenken einplanst.

Hack #3: Reflexions-Breaks

»Ich brauch da mal einen Moment ...« Dieser kurze Augenblick des sich Sammelns und Reflektierens ermöglicht uns, Gehörtes einzuordnen und gezielte Fragen zu stellen. Ritualisiere in lernfokussierten Meetings immer wieder kleine Reflexions-Breaks. Super passen diese beispielsweise zwischen Input-Pitches und dem Feedback-Dreiklang. Gib den Teilnehmenden hierfür bereits die drei Reflexionsfragen an die Hand und stelle beispielsweise für zwei Minuten den Timer. Erst dann geht's los mit der Feedback-Runde. Auch bei den Tools und Format-Inspirationen wirst du fündig, wenn du weitere konkrete Anregungen für gemeinsames Lernen suchst. Ein einfaches Tool, um Input zu transferieren ist der EVA-Dreiklang (siehe Kapitel 9.6) und im Kapitel 10 findest du gleich mehrere Anregungen für kleinere und größere Settings.

3.
Moderations-Check – Die Basis zielorientierter Meetings und Workshops

3.1 Moderations-Check: Bereit für konstruktive Lösungen?

Es gibt Tage, da läuft alles wie am sprichwörtlichen Schnürchen und dann gibt es da noch die anderen. Und manchmal kann man gar nicht genau festmachen, woran es denn eigentlich liegt. Kennst du das? Und ja – so kann's auch in Moderationen passieren. Einmal laufen die Teilnehmenden im kollaborativen Miteinander zu Höchstform auf und ein andermal passiert gefühlt gar nichts. Also zumindest nichts Konstruktives. Da wird dann entweder stundenlang ergebnislos um den heißen Brei herumgeredet oder aber die Gemüter erhitzen sich so, dass gemeinsame Lösungen in unerreichbare Ferne zu rücken scheinen.

Die gute Nachricht ist: Es muss nicht so kommen. Denn die Moderation von Meetings und Workshops ist kein Glücksspiel. Und wir sind auch nicht die Bedauernswerten, die abwarten müssen, ob der Termin der Moderation nun auf einen guten oder aber auf einen schlechten Tag fällt. Ganz ehrlich – dann hätte ich es schon längst aufgegeben. Der Erfolg jeder Moderation entscheidet sich zu einem guten Teil bereits im Vorfeld des Termins! Hier verantwortungsvoll zu arbeiten und die relevanten Faktoren zu recherchieren und zu antizipieren ist Aufgabe und Verantwortung einer jeden Moderatorin und eines jeden Moderators!

Der Leitstern hierbei ist die grundsätzliche Frage der Sinnhaftigkeit des gemeinsamen Miteinanders. Oder anders formuliert – die Teilnehmenden sollten am Ende des Tages ein Stück weiter sein als am Anfang. Das gelingt aber nur, wenn auch die Rahmenparameter stimmen. In der systemischen Moderation legen wir besonderen Wert darauf, einen Moderationsauftrag bereits im Vorfeld auf Herz und Nieren zu durchleuchten. Ich habe dafür einen Moderations-Check entwickelt, der dir bei deinen kleineren und größeren Moderationsprojekten wertvolle Hilfestellung bieten kann und den ich dir auf den nächsten Seiten näher vorstelle. Und wenn du jetzt denkst: »Vorbereitung war gestern, Agilität ist gefragt!«, dann kann ich nur sagen: »Umgekehrt wird ein Schuh draus!« Nur wenn ich mir der Rahmenparameter bewusst bin, kann ich agil entscheiden, welche Vorgehensweise situativ die richtige ist. Ob bei der Vorbereitung oder erst während eines Meetings oder Workshops – ein Moderations-Check gehört zu den elementaren Erfolgsparametern einer sinnstiftenden Moderation. Probiere es einfach mal aus! Du wirst sehen, wie schnell dir die einzelnen Check-Punkte in Fleisch und Blut übergehen.

Der erste Blick gilt der Gruppe selbst

Widme dich zunächst der zu moderierenden Gruppe und ihrem gemeinsamen Interesse an einer Lösung. »Ist die Gruppe (schon jetzt) zu einer konstruktiven Moderation bereit?«, lautet dann auch die wichtige Frage, die du dir im Vorfeld der Moderation stellen solltest. Ein Modell, mit dessen Hilfe die Bereitschaft zu einer konstruktiven Lösung herausgefunden werden kann, ist die Aggressionsskala (Klebert, Schrader, Straub 2006: 220):

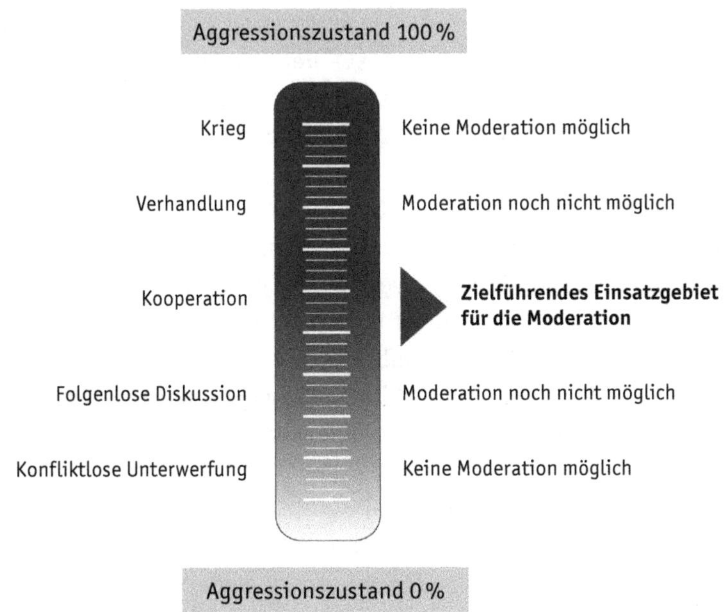

Diese Skala hilft dir, eine Einschätzung zu bekommen, ob die Gruppe bereits eine gute Basis für eine zielführende Moderation mitzubringen scheint, oder ob zuvor noch ein Extraschritt gegangen werden sollte. Wenn du aufgrund deiner Position als Führungskraft oder im Projekt die Gruppe bereits selbst gut kennst, wirst du diese Einschätzung aufgrund deiner Erfahrung selbst vornehmen. Kommst du aber von extern und hast bislang noch keine Berührungspunkte mit dem zu moderierenden Team, solltest du dir im Gespräch mit deiner Ansprechpartnerin oder deinem Ansprechpartner ein möglichst genaues Bild machen. Eine gute Fragetechnik ist hier dein wichtigstes Handwerkszeug. Nun gehen wir davon aus, dass wir als Moderierende mit einem Zustand von Krieg beziehungsweise mit einem Zustand von Unterwerfung in unserer Business-Praxis eher weniger zu tun haben. Umso interessanter und durchaus auch realistischer sind die drei verbleibenden Zustände:

Hoher Aggressionspegel

Wenn die sprichwörtlichen Fetzen fliegen, kannst du dich mit deinem ursprünglichen Plan einer konstruktiven Moderation zum vermeintlich sachlichen Thema abmühen, wie du möchtest – deine Arbeit wird nicht von Erfolg gekrönt sein. Es ist einfach zu viel Dampf im Kessel! Bevor der nicht draußen ist, werden keine konstruktiven Ergebnisse entstehen.

Niederer Aggressionspegel

Doch nicht nur das Zuviel an Energie kann dem zielführenden Arbeiten entgegenstehen. Ist zu wenig Power vorhanden, verläuft die Moderation zwar deutlich ruhiger, aber gewiss nicht erfolgreicher. Wenn die Teilnehmenden für ein Thema zu wenig Energie aufbringen, wird die Moderation eine ganz zähe Geschichte. Es wird ohne Herzblut und Engagement diskutiert. Viele Allgemeinplätze und nichts Konkretes – schon gar kein Ergebnis.

Ausgeglichener Aggressionspegel

Der Idealzustand für einen konstruktiven Workshop oder ein zielführendes Meeting ist immer dann gegeben, wenn die zu moderierende Gruppe durch ein mittleres Maß an Handlungsenergie/Aggression gekennzeichnet ist. Hier sind die Teilnehmenden mit Herzblut dabei und mobilisieren ihre Energie, um gemeinsam zu einer Lösung zu gelangen. Natürlich ist auch hier nicht immer alles eitel Sonnenschein – aber es besteht eine einvernehmliche Basis, die auch Meinungsverschiedenheiten gut verträgt. Erkennbar wird das im Vorfeld durch folgende Punkte:

- Alle haben einen konkreten Bezug zum Thema,
- das Ergebnis hat direkte Auswirkungen auf die Teilnehmenden,
- alle sind sich dieser Auswirkung bewusst,
- die Fronten untereinander sind nicht verhärtet, auch wenn mitunter verschiedene Meinungen vertreten sind.

Stehen die Zeichen im Rahmen der Vorbetrachtung auf Kooperation, kannst du in das Meeting oder den Workshop einsteigen, ohne im Vorfeld noch große Extraschleifen zu drehen. Doch wie du dir denken kannst, ist das nicht immer so.

Was also tun, wenn der Aggressionspegel zu hoch ist?

Wenn zu viel Dampf im sprichwörtlichen Kessel ist, ist eine sachliche Diskussion unmöglich. Ursachen hierfür können im Großen wie auch im Kleinen liegen. Werden Befindlichkeiten Einzelner durch das Schaffen neuer Fakten (beispielsweise Änderungen in der Organisation) verletzt, führt das bei einigen Betroffenen zu Aggressionen (andere hingegen resignieren – doch dazu später mehr). Kränkungen und persönliche Verletzungen haben allerdings nicht immer einen vermeintlich großen Auslöser, sondern entstehen auch häufig beim täglichen Miteinander im Team.

Doch unabhängig davon, auf welcher Ebene die Aggression ursprünglich entstanden ist – wenn wir sie ignorieren, werden wir in der Moderation eines solchen Meetings keinen Stich machen. Häufig binden Machtspielchen und Rangeleien untereinander die ganze Aufmerksamkeit. Bei organisatorischen Veränderungen kommt es auch vor, dass Ärger und Frust über Entscheidungen »von oben« auf dich als Moderatorin oder Moderator projiziert werden. Zu hohe Emotionen stehen einer konstruktiven Lösung im Weg.

Kennst du das Eisbergmodell? Das auf die Arbeiten Sigmund Freuds zurückgehende Prinzip beschreibt, dass die Kommunikation untereinander nur zu einem kleinen Anteil aus sichtbaren – und zu einem weitaus größeren Anteil aus verborgenen Faktoren besteht. Zahlen, Daten und Fakten zieren die Spitze des Eisbergs. Alles ist deutlich zu sehen. Aber des Pudels Kern – das, um was es eigentlich geht, das sehen wir damit noch lange nicht. Verletzte Befindlichkeiten und persönliche Ängste werden selten auf dem Silbertablett präsentiert. Sie haben sich meist unter der sprichwörtlichen Wasseroberfläche versteckt. Und selbst wenn wir als Moderierende das Knirschen im Getriebe nicht sehen können – wir spüren es ganz deutlich. Gut, wenn wir uns bereits im Vorfeld damit auseinandergesetzt haben.

Um die zu moderierende Situation bereits im Vorfeld so gut wie möglich einschätzen zu können, ist es wichtig, ein umfassendes Bild der Lage zu bekommen. Denn auch hier gilt: es gibt nicht die eine Wahrheit. Je mehr Sichtweisen deutlich werden, desto besser komplettiert sich das Puzzle.

Druck konstruktiv ablassen

Die zu hohe Handlungsenergie bekomme ich nur dann auf eine moderierbare Ebene, wenn der Überdruck abgelassen werden kann! Hierfür ist es erforderlich, dass die Teilnehmenden im geschützten Rahmen der Moderation auch ihren Unmut äußern dürfen. Das ist dann wie bei einem reinigenden Gewitter. Danach wird es heller. Die wichtige Aufgabe in der Moderation ist es hierbei, den richtigen Rahmen vorzugeben. Die Teilnehmenden einfach lospoltern zu lassen ist sicherlich nicht die Paradelösung. Durch die Anleitung zur konstruktiven Formulierung von Kritik mithilfe der vier Schritte der gewaltfreien Kommunikation (Kapitel 10.9) gelingt es hingegen, den Aggressionspegel zu senken und gleichzeitig die persönlichen Interessen und Befindlichkeiten der Teilnehmenden herauszuarbeiten. So wird aus dem »Dampf ablassen« kein negatives Lamenti, sondern vielmehr der Anfang einer gemeinsamen Lösungsfindung.

Weißt du bereits bei der Vorbereitung eines Workshops oder Meetings um die angespannte Situation, hast Du je nach Eskalationsgrad mehrere Handlungsoptionen:

- Klärung der Situation als ersten Punkt der Moderation, um danach im Idealfall in eine lösungsorientierte Arbeit am sachlichen Thema einsteigen zu können.
- Änderung des Workshop-Ziels. Im geplanten Workshop wird zunächst an der kritischen Situation gearbeitet, um hierfür eine Klärung zu erreichen. Das eigentliche Thema wird vertagt.
- Wenn der Konflikt bereits soweit eskaliert ist, dass die Situation nicht mehr unter den Beteiligten geklärt werden kann, bedarf es einer professionellen Mediation oder der Entscheidung einer übergeordneten Instanz. Ein Workshop macht an dieser Stelle keinen Sinn und kann direkt abgesagt werden.

Doch Achtung: die Auftragsbetrachtung im Vorfeld ist ein wichtiger Schritt und dennoch keine Garantie! Die Situation vor Ort kann sich immer noch ganz anders darstellen. Auch wenn die Vorbetrachtung grünes Licht für ein konstruktives Miteinander zeigt, kann die Realität überraschend anders aussehen. Jetzt ist deine situative Kompetenz gefragt! Der Moderations-Check gehört zwar zu den Herzstücken der Moderationsvorbereitung – aber er endet damit noch lange nicht. Sei in jedem Fall sensibilisiert dafür, dass vor Ort möglicherweise alles ganz anders sein kann. Treffe ich während der Moderation vor Ort unvorbereitet auf einen zu hohen Energielevel, dann entsprechen meine Handlungsoptionen prinzipiell denselben, die sich mir bieten, wenn ich die hohe Aggression bereits im Rahmen der Auftragsklärung im Vorfeld feststelle. Diese sind je nach Eskalationsgrad:

- Situationsklärung zu Beginn des Meetings oder Workshops, um danach auf das ursprüngliche Thema zurückzukommen.
- Änderung des Workshop-Zieles.
- Bei Eskalation in letzter Konsequenz: Abbruch des Workshops oder Meetings.

Allerdings ist während der Live-Situation der Entscheidungsmoment um ein Vielfaches kürzer. Und während dieser Phase stehen wir Moderierenden unter genauester Beobachtung der Teilnehmenden! Bei so viel Zündstoff heißt es, einen kühlen Kopf zu bewahren!

Die Fähigkeit, auch in unerwartet anspruchsvollen Situationen spontan, souverän und überlegt zu handeln, basiert auf einem Zweiklang von Haltung und Know-how. Die Teilnehmenden spüren instinktiv jede Unsicherheit. Gerade in hoch emotionalen Situationen mit viel Dampf im Kessel braucht es ein souveränes und ausgleichendes Gegengewicht. Hier gilt es, zu zeigen, dass wir Moderierenden die Sicherheit nicht nur vorspielen, sondern persönlich überzeugt sind, im entscheidenden Moment auch das situativ Richtige zu tun. Spüren das die Teilnehmenden, lassen sie sich auf uns ein und gehen den Weg durch den Prozess mit.

Dabei braucht es keine Moderations-Supermänner und -Superfrauen. Es ist völlig legitim, sich in solchen Überraschungsmomenten eine kurze Auszeit zu nehmen, um in Ruhe die nächsten Schritte zu überdenken. Aufgesetztes Selbstbewusstsein wird ohnehin direkt durchschaut.

Die Tools des Moderations-Checks geben dir Sicherheit und stützen auf diese Weise dein Selbstbewusstsein und dein überzeugendes Auftreten. Bei aller Emotionalität und Komplexität herausfordernder Fälle helfen sie sowohl im Vorfeld als auch während der Moderation vor Ort, Klarheit über die Ausgangssituation mit all ihren Fallstricken zu erhalten und lösungsorientierte Handlungsoptionen abzuleiten. Die Sicherheit stützt sich also nicht ausschließlich auf die Persönlichkeit der Moderierenden, sondern auch auf die systematische und gründliche Arbeit im Rahmen der Vorbereitung. Das ist eine wichtige Nachricht für alle, die noch nicht so oft moderiert haben!

Genauso wie es Beispiele für einen zu hohen Aggressionspegel gibt, gibt es auch viele Gruppen, die mit sehr wenig Handlungsenergie ausgestattet sind.

Was tun, wenn die Handlungsenergie zu niedrig ist?

Vorhin ging es um Situationen, in denen von oben beziehungsweise außen bestimmte Änderungen in der Organisation zu hohen Aggressionen führen können. Bei einigen Menschen ist aber genau das Gegenteil der Fall: Resignation. Die Betroffenen verschließen sich und ergeben sich ihrem Schicksal. Wenn sich jedoch das Herzblut verabschiedet und sich an seiner Stelle das Gefühl ausbreitet »sowieso nichts ausrichten zu können« wird es schwierig, irgendetwas zu bewegen. Während bei zu viel Energie der Dampf raus muss, um in einen Arbeitsmodus zu kommen, ist es hier gerade umgekehrt. Hier bedarf es einer guten Portion Extra-Energie! Eine Erkenntnis aus der Organisationsentwicklung lautet: »Man verändert sich erst, wenn es wehtut«. Und da ist schon was dran.

Was früher die schlechte Schulnote war, kann heute das desaströse Ergebnis der Kundenumfrage sein. Oder im Privaten die aufgrund des Kontostandes einbehaltene EC-Karte oder das zu eng gewordene Lieblingskleid. Wenn wir den Ernst der Lage am eigenen Leib spüren, befassen wir uns mit Dingen, die wir sonst geflissentlich von uns schieben.

Genau in diesen Situationen ist die Auseinandersetzung mit der Moderationstauglichkeit einer Gruppe im Vorfeld des gemeinsamen Arbeitens immens wichtig. Denn es sollte im Idealfall eben nicht die Rolle von uns Moderierenden sein, mit dem Sargdeckel zu klappern und düstere Zukunftsbilder zu zeichnen. Kommt man von extern, fehlt einem hierzu auch meist das entsprechende Detailwissen.

Identifiziere ich im Vorfeld ein zu niedriges Energieniveau, gibt es folgende Handlungsoptionen:

- Der Ernst der Lage kann bereits im Vorfeld transparent gemacht werden. Sei es in einem separaten Schreiben, im Einladungsschreiben oder in Gesprächen. Hier können mitunter auch Einzelgespräche erforderlich sein.

- Die aktuelle Situation kann als Einstieg in die Moderation noch einmal klar und verständlich aufgezeigt werden. Im Idealfall von hierfür zuständigen Fach- oder Führungskräften.
- Der kritische Status quo kann mit der richtigen Fragestellung auch zu Beginn einer Moderation von den Teilnehmenden selbst skizziert werden. Besonders geeignet sind hierbei Fragen, die mit einem gedanklichen Perspektivwechsel einhergehen (Stakeholder-Rondell, Kapitel 6.2).

Wenn die niedrige Energie erst vor Ort deutlich wird

Identifizierst du den niedrigen Energielevel allerdings erst während der Moderation, fällt die erste oben geschilderte Handlungsoption natürlich weg. Die gute Gelegenheit, die Weichen im Vorfeld zu stellen ist vorüber. Ob die zweite Handlungsoption, also die Sensibilisierung zu Beginn der Moderation, von einer dafür prädestinierten Person geleistet werden kann, hängt davon ab, ob die Führungskraft oder jemand mit der entsprechenden Expertise im Raum ist und dieses wichtige Aufrütteln vornehmen kann. Hier ist eine kurze Absprache unerlässlich. Denn die Aufrüttel-Phase sollte sich nicht häppchenweise durch die komplette Moderation ziehen.

Du kannst während dieser Phase auch in Interviewform arbeiten und gegenüber der Führungskraft beziehungsweise der hierfür prädestinierten Person gezielte Themen ansprechen und, wenn nötig, den Finger bewusst in die Wunde legen.

Ganz in deiner Moderationskompetenz agierst du, wenn du die Teilnehmenden durch entsprechende Fragestellungen dazu bringst, die Situation mit ihren Chancen und Risiken selbst herauszuarbeiten. Erfolgsentscheidend ist hier allerdings das Wie. Und hier gilt es bei der Fragestellung genau achtzugeben: Wenn die Teilnehmenden bislang etwas nicht sehen können oder wollen, ist es unsinnig, genau auf diese Perspektive abzuzielen. Eine neue Erkenntnis kann vielmehr entstehen, wenn man von einem anderen Standpunkt auf das Geschehen blickt.

Letzte Woche waren wir mit unserem Camper Van auf einem traumhaften Stellplatz direkt am Bodensee. Der einzige Haken – von meinem Frühstücksplatz aus konnte ich den See nicht sehen, da mir ein anderes Wohnmobil die Sicht nahm. Wir hätten also überall sein können. Nachdem ich meinen Frühstücksplatz – also meine Perspektive – gewechselt hatte, kam ich dann doch in den vollen Genuss.

Das lässt sich super auf die Moderation übertragen. Wenn deine Teilnehmenden von ihrer Warte aus mögliche Schieflagen nicht erkennen, heißt das noch lange nicht, dass diese nicht da sind. Die Aufforderung »richtig zu schauen« hätte mir auf dem Stellplatz genauso wenig geholfen, wie den Teilnehmenden, die nun mal ihre eigene Sicht auf die Dinge haben. Der Erkenntnisgewinn kommt erst durch einen Perspektivwechsel. In der Moderationssituation könnte das möglicherweise die Sicht der Kundinnen oder der Wettbewerber sein. Oder du wechselst die Perspektive, indem du die Frage komplett auf den Kopf stellst: »Was können wir aktiv dafür tun, damit unser Unternehmen im Wettbewerb mit unserem schärfsten Konkurrenten garantiert verliert?« Mit dieser auch als Brainstorming paradox bekannten Fragetechnik (Verwendet im Format Meeting-Charta mithilfe von Brainstorming paradox erstellen. Kapitel 10.8) hagelt es dann Antworten. Eine schockierender als die andere. Denn wie man es nicht machen soll, wissen wir alle. Das spannende ist dann der zweite Blick auf die Negativliste. Denn bei der einen oder anderen Antwort steckt möglicherweise ein Fünkchen Wahrheit drin. Und das rüttelt dann wach. Und liefert gleichzeitig schon Stellhebel, an denen gearbeitet werden kann.

Ob kurzes Meeting oder großer Workshop – in der Moderation gilt es, keine Angst vor den Emotionen der Teilnehmenden zu haben! Mit Emotionen in der Gruppe umzugehen, ist zwar nicht immer easy going, aber was bleibt als Alternative? Bremse ich Emotionen aus und lasse meine Teilnehmenden um den sprichwörtlichen heißen Brei herumreden, ist keiner am Ende des Tages auch nur einen einzigen Schritt weiter gekommen. Dann nämlich haben wir alle miteinander eine wunderbare Alibimoderation hingelegt und haben nur eines produziert: Kosten.

Hochkochende Emotionen in einer Moderation können unterschiedliche Ursachen haben – davor sind wir nie gefeit. Aber wenn bereits der Ausgangspunkt der Moderation durch einen zu hohen Aggressionspegel gekennzeichnet ist, dann sind die Emotionen vorprogrammiert! Das gilt übrigens auch für zu wenig Energie. Denn durch die Aufrüttel-Phase gerät in der Gruppe – genau wie bei den einzelnen Teilnehmenden – so einiges in Bewegung.

Wie bekomme ich die Kurve zum eigentlichen Thema?

Ist diese Phase gemeinsam durchschritten, darfst du erst mal kräftig durchatmen. Und natürlich auch deine Teilnehmenden! Da lässt es sich nicht mal eben zum Tagesgeschäft übergehen. Etwa getreu dem Motto: »So, der Überdruck ist abgebaut, dann können wir ja jetzt lösungsorientiert an unserem Thema arbeiten. Bitte widmet euch jetzt der folgenden Frage …« Auch wenn sich die Moderationsvoraussetzungen auf der Aggressionsskala jetzt auf einer konstruktiven Ebene bewegen, müssen die Teilnehmenden dort erst mental ankommen. Während der nächsten Schritte wird von ihnen ja etwas ganz anderes gefordert. Sie müssen innerlich umschalten. Hierzu ist es erforderlich, mit der Dampfaufbau– beziehungsweise Dampfabbau-Phase abzuschließen und sich auf eine neue Phase und damit auch eine andere Art des Arbeitens einzulassen. Eine ganz bewusste Unterbrechung ist an dieser Stelle das A und O.

Gerne unterstreiche ich diesen Übergang in eine neue Phase mit symbolischen Gesten: So öffne ich, nachdem Dampf auf- oder abgebaut wurde, gerne die Fenster. Die frische Luft tut einerseits tatsächlich gut. Aber diese Geste symbolisiert auch: Alles, was hier an Kritischem geäußert wurde, war wichtig. Und jetzt darf es getrost zum Fenster hinaus. Mit frischer Luft kann es dann konstruktiv zu neuen Ansätzen gehen. Bevor es in eine neue Arbeitsphase geht, empfiehlt sich darüber hinaus eine Pause – idealerweise mit ansprechender Nervennahrung. Mir persönlich ist bei Meetings und Moderationen immer besonders wichtig, dass auch für das leibliche Wohl gut gesorgt ist. Einerseits verbrauchen die Teilnehmenden tatsächlich viel Energie und füllen ihre Reserven meist sehr gerne mit (leckeren) Energielieferanten auf.

Und zweitens ist dies immer auch eine Geste der Wertschätzung. Gerade in schwierigen Situationen. Nach einer anspruchsvollen Arbeitsphase versüßen kleine Freuden den Teilnehmenden im wahrsten Sinne des Wortes die Pause und tragen nicht unerheblich dazu bei, dass es nach der Stärkung mit neuem Elan weitergeht.

Auch wenn wir uns gedanklich jetzt schon mal in die heiße Phase der Moderation gebeamt haben, beschäftigen wir uns in diesem Kapitel immer noch mit den Erfolgskriterien der Vorbereitungsphase. Doch du merkst: Die Grenzen sind fließend. Deshalb ist es entscheidend, sich die Erfolgskriterien einer zielführenden Moderation immer wieder vor Augen zu führen. Sei es bei der Vorbereitung eines größeren Workshops oder Meetings – oder auch bei kleineren Spontananlässen. Dann lässt du dich nicht tatenlos in einen Strudel der leeren Diskussion oder der aufgeladenen Debatte hineinziehen, sondern kannst situativ und konstruktiv auf die Handlungsenergie einwirken.

3.2 Moderations-Check: Komplexität trifft Beteiligte

Moderation ist in vielen Situationen eine geeignete Intervention, um Betroffene – seien es Mitarbeitende, Verbands-, Vereins- oder Kirchenmitglieder, Eltern, Schülerinnen und Schüler oder Bürgerinnen und Bürger mit ihrem Know-how und ihren persönlichen Anliegen in die Lösungsfindung einzubinden. Persönlich bin ich sogar der Meinung, dass nach wie vor viel zu wenig moderiert wird. Doch auch wenn viele Problemstellungen durch Moderation zu lösen wären, heißt es nicht im Umkehrschluss, dass Moderation die Lösung für alle Probleme dieser Welt ist. Erfolgreich moderiert kann nur dort werden, wo sich Moderation auch als geeignetes Instrument erweist. Im letzten Abschnitt haben wir die Moderationstauglichkeit anhand des Aggressionspegels der zu moderierenden Gruppe angeschaut. Nun richtet sich unser Augenmerk auf zwei weitere Kriterien, die uns – gemeinsam betrachtet – bei der Beurteilung, ob Moderation eine sinnvolle Intervention sein kann, unterstützen:

- Komplexität der Problemstellung
- Anzahl der Beteiligten und Betroffenen

Auch hier greife ich gerne wieder auf die Grafik eines etablierten Standardwerks der Moderation zurück (Klebert, Schrader, Straub 2006: 219).

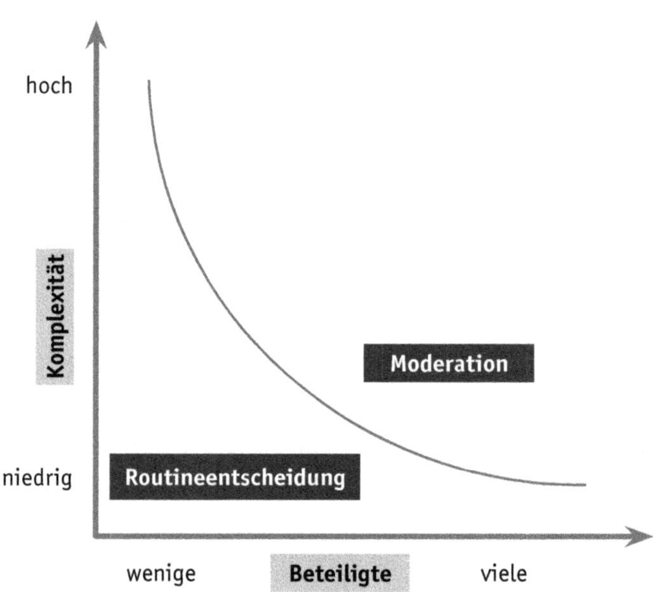

Unsere Zeit ist geprägt von zunehmender Komplexität. Die vielschichtigen Herausforderungen, wie sie beispielsweise in der Zusammenarbeit in Projekten heute an der Tagesordnung sind, lassen sich nur durch die Zusammenarbeit und Vernetzung der daran Beteiligten lösen. Wo Einzelne heillos überfordert wären, schaffen es Teams, gemeinsam komplexe Zusammenhänge transparent zu machen und durch die Vernetzung der vielfältigen Ideen neue und innovative Lösungsansätze zu entwickeln. Komplexität und Moderation passen also gut zusammen.

Würde man allerdings nur dieser Ausprägung der Aufgabenstellung Bedeutung schenken, blieben viele wichtige Moderationsanlässe komplett außen vor. Das sind dann die vermeintlich einfachen Fälle, die aber einen riesigen Aufschrei im Unternehmen hervorrufen. Denn bringt man die Komplexität mit der Anzahl der Beteiligten und Betroffenen in Beziehung, dann wird deutlich, dass Moderation auch dann sinnvoll sein kann, wenn es wenig Komplexität – dafür aber viele Beteiligte beziehungsweise Betroffene gibt. Denn gerade durch die Moderation wird es möglich, die von einer Veränderung betroffenen Personen miteinander ins Gespräch zu bringen und ins Boot zu holen. Wenn jedoch sowohl die Komplexität als auch die Anzahl der Betroffenen gering ist, sprechen wir eher von Routineaufgaben und -entscheidungen.

Als Moderierende sollten wir nicht nur die Einteilung: »moderierbar ja oder nein« betrachten, sondern auch den Grenzpunkten der abgebildeten Moderationskurve unsere Aufmerksamkeit schenken:

Ist die Komplexität eines zu lösenden Themas hoch – es gibt aber nur wenig Beteiligte, so ist diese Aufgabe genau von den Personen zu lösen, die tatsächlich betroffen sind und konstruktiv und konkret zur Lösung beitragen können. Leider landen solche Themen oft auf der Meeting-Agenda und der Großteil des Teams schaltet geistig ab oder beschäftigt sich mit anderen Themen. Da alle, die da sind aber voll eingebunden und gefordert sein sollten, empfiehlt es sich, solche Punkte ans Ende eines Meetings zu legen und die anderen dann schon zurück an den Schreibtisch oder in den Feierabend zu schicken.

Ist die Komplexität überschaubar – die Anzahl der Betroffenen aber groß, so macht es, wie oben beschrieben, durchaus Sinn, alle mit einzubinden und ins Boot zu holen. Hier gilt es, ein passendes Konzept zu erarbeiten, welches das Thema beispielsweise über den Hierarchieweg in die Regelmeetings der Teams hineinträgt. Passt das Thema in ein Format fürs ganze Unternehmen wie beispielsweise eine Betriebsversammlung, ist es eine gute Möglichkeit, dies dort anzusprechen und vorzustellen. Entscheidend ist hierbei aber, dass die Mitarbeitenden die Möglichkeit erhalten, das Gehörte zu reflektieren und eigene Verantwortungsbereiche daraus abzuleiten. Hierbei unterstützt dich die Vorgehensweise des EVA-Dreiklangs (Kapitel 9.6). Dieser ist hier zwar als Methode für die virtuelle Welt beschrieben, lässt sich aber hervorragend in die Präsenz übertragen. Da es sich hierbei um eine größere Gruppe handelt, empfehle ich dir, die Transferphase zum Beispiel an Stehtischen ins Foyer zu verlagern. Oder du lässt die Teilnehmenden mit der Sitznachbarin oder dem Sitznachbarn nachreflektieren. Sollten danach noch Fragen offen sein, könnten diese mit einem Saalmikro bestellt werden.

3.3 Moderations-Check: Beeinflussungsgrad

Moderation kann so viel ermöglichen. Und Moderation kann so frustrieren. Der Grad dazwischen ist schmal und die Entscheidung, ob top oder flop, fällt meist schon lange bevor die Teilnehmenden überhaupt ihre Einladung zum Meeting oder Workshop erhalten. Der springende Punkt hierbei: »Was konkret können die, die da sind tatsächlich beeinflussen?«

Ich habe vor einiger Zeit eine Moderationsanfrage erhalten, bei der es um eine Großgruppenmoderation mit Kindern und Jugendlichen eines Wohnquartiers gehen sollte. Nun muss ich zugeben, dass ich eine leidenschaftliche Großgruppenmoderatorin bin und auch sehr gerne mit Kindern und Jugendlichen arbeite. Außerdem finde ich es großartig, wenn die Interessen junger Menschen gehört und eingebunden werden. Ich habe mich über diese Anfrage also riesig gefreut! Im weiteren Gesprächsverlauf kamen wir auf die Details zu sprechen. In dem Wohnquartier sollten perspektivisch neue Bereiche für Kinder und Jugendliche ausgestattet werden – und darum sollte es an diesem Nachmittag auch gehen.

Allerdings hat sich beim weiteren Nachbohren (ich kann da richtig nerven) herausgestellt, dass zu diesem Thema schon vor einiger Zeit gemeinsam mit den Kindern und Jugendlichen gearbeitet wurde. Nur war seitdem noch nichts geschehen und man hatte das Bedürfnis, hier weiterzuarbeiten. Der eigentliche Grund jedoch, weswegen noch nichts geschehen war, lag im Bereich der finanziellen Umsetzung. Unter anderem waren Gespräche mit Sponsoren ins Stocken geraten. Der Ball lag also gar nicht im Spielfeld der Kinder und Jugendlichen, sondern vielmehr im Feld der geldgebenden Institutionen. Hier mit den Kindern und Jugendlichen erneut zu arbeiten, hätte keinen Mehrwert gebracht und zusätzlich sogar noch für jede Menge Frust gesorgt.

So dargestellt klingt das alles ziemlich logisch und nachvollziehbar, oder? Das Problem ist aber, dass eine Situation in der Praxis selten von Beginn an so klar vor uns liegt, sondern dass wir eher ein großes Knäuel vor uns haben und es erst langsam Faden für Faden entwirren müssen. Nach unserer gemeinsamen Entwirrung des Knäuels war übrigens auch meiner Ansprechpartnerin völlig klar, dass eine Moderation an der Stelle nicht zielführend gewesen wäre. Der Punkt ist aber: Sie hat den Auftrag von ihrem Vorgesetzten erhalten und die Anfrage, da wir sowieso gerade telefoniert haben, direkt an mich weitergeleitet. Ich hätte mir diesen Job also durchaus ergattern – und hernach eine entsprechende Rechnung schreiben können. Deshalb: schau bitte in jedem Fall ganz genau, ob – und wenn ja, unter welchen Voraussetzungen eine Moderation sinnvoll ist. Eine unkritische Auftragsklärung fällt dir immer auf die Füße!

Es gilt bei der Vorbereitung von Meetings und Workshops immer darauf zu achten, welches Ziel erreicht werden soll und – ganz wichtig – ob ich hierfür die richtigen Teilnehmenden an Bord habe! In unserem Fall eindeutig nicht. Ein sinnvolles Teilziel hätte in unserem Fall sein können, gemeinsam die Finanzierbarkeit der Außengestaltung auszuarbeiten. Und es liegt auf der Hand, dass dann nicht die Kinder und Jugendlichen, sondern vielmehr die für Finanzierung und Sponsoring Verantwortlichen die richtigen Adressaten gewesen wären.

Nun war die Moderationstauglichkeit in diesem Fall also nicht gegeben und der Workshop hat so auch nicht stattgefunden.

Die Frage, die du dir also vor jeder Moderation stellen solltest: »Wen brauche ich, um mein Moderationsziel auch erreichen zu können?« Oder wenn das Pferd von hinten aufgezäumt werden muss, weil der Teilnehmendenkreis bereits von vornherein feststeht: »Sind die, die da sind, auch die richtigen, um mein angedachtes Ziel zu erreichen?«

Doch selbst wenn die Teilnehmenden grundsätzlich die richtigen sind – der Ball also in ihrem Spielfeld liegt –, gilt es den Beeinflussungsgrad genau unter die Lupe zu nehmen. Denn ob durch eine Moderation am Ende des Tages umsetzbare Ergebnisse erzielt werden oder nicht, orientiert sich in entscheidendem Maße an der Definition und Kommunikation der Rahmenbedingungen, die der Umsetzung zugrunde liegen. Hierzu gehört ganz klar der Beeinflussungsgrad der Beteiligten.

Das gilt übrigens nicht nur für größere Workshops, sondern in gleichem Maße auch für Meetings und Besprechungen, in denen leider viel zu oft über alles mögliche geredet wird, aber nicht unbedingt über das, was konkret von den Anwesenden zu beeinflussen ist.

Die Basis für gute und umsetzungstaugliche Ergebnisse wird auch hier im Vorfeld des Meetings oder des Workshops gelegt. Die Rahmenbedingungen glasklar abzustimmen und auch transparent zu machen, ist Aufgabe und Verantwortung von uns Moderierenden! Und das ganz unabhängig davon, in welchem Moderations-Setting wir uns bewegen. Wenn wir Menschen partizipativ einbinden, müssen wir auch sicherstellen, dass das gemeinsame Arbeiten Sinn ergibt.

Ohne Beachtung des Beeinflussungsgrad besteht die Gefahr, dass

- die Ergebnisse gar nicht oder nur zu einem Teil genutzt werden können;
- die Auftraggebenden dementsprechend unzufrieden bis aufgebracht reagieren;
- die Teilnehmenden frustriert sind, weil ihre mit Herzblut und Engagement erarbeiteten Ergebnisse nicht weiter verfolgt werden.

Und doch passiert es so schnell, dass man im Eifer des Gefechtes den Beeinflussungsgrad mal eben außen vor lässt und am Ende des Tages Ergebnisse erhält, die niemanden wirklich zufriedenstellen.

Wie bereits erwähnt, bin ich leidenschaftliche Großgruppenmoderatorin. Von einem großen Verwaltungsbereich wurde ich hinzugezogen, als es um die Beteiligung der Mitarbeitenden bei der Erstellung eines neuen Dienstplans ging. Ich war zugegebenermaßen ziemlich geflasht – merkte ich doch, dass ich mal wieder dem Schubladendenken aufgesessen war und dieses partizipative Vorgehen der auftraggebenden Organisation gar nicht zugetraut hätte. Mea culpa! Doch zurück zum Thema. Du kannst dir vorstellen, dass diese Aufgabenstellung geprägt war von unzähligen Rahmenbedingungen! Der Dienstplan in einer Behörde ... Ich kann dir versichern, dieser Auftrag war anspruchsvoll und gleichzeitig einer der reizvollsten, die ich jemals erhalten habe. Ich habe das Team der Vorbereitungsgruppe, zu der übrigens auch der Personalrat gehörte, im Vorfeld richtig gestresst. Rahmenbedingung um Rahmenbedingung musste herausgearbeitet und für die Kommunikation aufbereitet werden. Hierbei wurde durch die Beteiligung des Personalrates auch sogleich die Perspektive der Mitarbeitenden und vor allen Dingen auch der Institution der Mitarbeitendenvertretung einbezogen. Alles musste auf den Tisch. Denn das war meine Bedingung: Ich moderiere diese Gruppe von einhundertfünfzig Personen nur dann, wenn wir mit kompletter Offenheit und Transparenz in den Moderationsprozess einsteigen – also jede einzelne Rahmenbedingung definiert ist und so auch den Mitarbeitenden kommuniziert wird. Denn nur so ergibt sich daraus ein Beeinflussungsgrad, der am Ende zu umsetzbaren Ergebnissen – in unserem Fall zu einem konkreten neuen Dienstplan – führen kann. Und dann war es soweit: Wir starteten in den ersten von insgesamt drei Workshoptagen. Die Atmosphäre, die ich beim Willkommenskaffee aufnehmen konnte, war alles andere als berauschend. Das Misstrauen der Mitarbeitenden war greifbar und dementsprechend die Lust auf den Workshop auch eher so semi.

Na dann mal rein ins Vergnügen! Schon nach den ersten Workshop-Runden hat sich die Stimmung verändert. Die Teilnehmenden haben nach und nach realisiert, dass es tatsächlich keinen fertigen Plan in der Schublade des Chefs gab und sie wirklich die Möglichkeit hatten, sich mit ihren Erfahrungen und Bedürfnissen direkt und aktiv einzubringen. Natürlich haben die definierten Rahmenbedingungen den Beeinflussungsgrad nicht gerade üppig gestaltet. Aber er war durchaus vorhanden und es konnten interessante und attraktive Lösungen innerhalb dieser Möglichkeiten gefunden werden. Ein wenig Gänsehautfeeling gab's dann am Ende, als ein Mitarbeiter das Wort ergriffen hat, um sich für die Chance der Mitwirkung am eigenen Dienstplan zu bedanken: »Ich habe schon in vielen Unternehmen gearbeitet, aber das habe ich noch nie erlebt!«

Ein zentrales Erfolgskriterium des zunächst mit großer Skepsis betrachteten Beteiligungsprozesses war zweifelsfrei die genaue Klärung der Rahmenbedingungen. Hätten wir hier schlampig gearbeitet, weiß ich nicht, wie dieser Prozess verlaufen wäre. Auf jeden Fall anders.

Nun aber zurück zu deinen Moderationsaufgaben. Auch wenn du es möglicherweise nicht ständig mit einhundertfünfzig skeptischen Teilnehmenden zu tun hast (ich übrigens auch nicht), sollte dich die Frage des Beeinflussungsgrads in jedes einzelne Meeting und jeden einzelnen Workshop begleiten. Denn hieran entscheidet es sich, ob das gemeinsame Miteinander in der Laber-Kategorie landet oder tatsächlich umsetzbare Ergebnisse hervorbringt. Folgende Dreiteilung hilft dir, dich selbst – genau wie deine Auftraggeberinnen und Auftraggeber – für den jeweiligen Beeinflussungsgrad der Teilnehmenden zu sensibilisieren.

Beeinflussungsgrad der Beteiligten

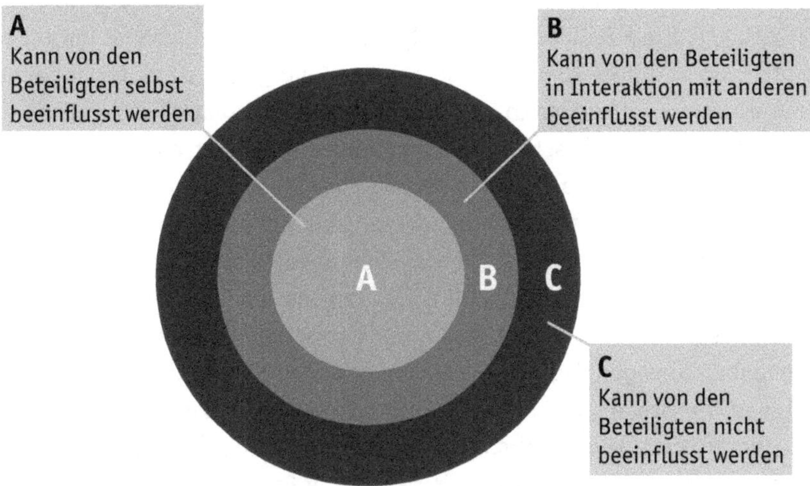

Legende

Internal Circle: Kann vom zu moderierenden Team selbst beeinflusst werden.
Middle Circle: Kann von den Beteiligten in Interaktion mit anderen beeinflusst werden.
External Circle: Kann von den Beteiligten nicht beeinflusst werden.

Diese Dreiteilung unterstützt dich wie bereits erwähnt bei der Vorbereitung einer Moderation und sollte dich auch währenddessen immer begleiten. Im Vorfeld schärfen diese drei Kreise das Bewusstsein für die Ausrichtung der Moderation:

- Welche Kategorien von Antworten bringen uns am Ende des Tages weiter?
- Sind die Teilnehmenden, die wir einladen möchten auch in der Lage, innerhalb dieser Kategorien Antworten zu erarbeiten oder gilt es, den Kreis zu überdenken?
- Durch welche Fragestellungen stelle ich sicher, dass die Antworten auch genau aus diesen Kategorien kommen und die Teilnehmenden nicht unbewusst in anderen Gewässern fischen?

Sehr viele Moderationssituationen haben zum Ziel, dass die Teilnehmenden am Ende des Meetings oder Workshops ihre Antworten und abgeleiteten Maßnahmen direkt im Internal Circle finden – also selbst in die Tat umsetzen können. Dann gilt es aber, die Aufgabenstellung genau so zu formulieren. Denn es ist nur allzu menschlich, dass auf der Suche nach Lösungen gerne in fremden Becken gefischt wird. Kommuniziere ich hier nicht glasklar, so habe ich am Ende des Tages garantiert jede Menge Antworten der Kategorie »Schön wär's«. Und das liegt mitnichten an den Teilnehmenden, die den Auftrag falsch verstanden haben. Es ist die Verantwortung von uns Moderierenden, den Arbeitsauftrag und damit die ganz konkrete Fragestellung glasklar und uninterpretierbar zu formulieren. Und das beinhaltet auch alle geltenden Rahmenbedingungen. Wenn ich – um bei unserem Beispiel des neu zu entwickelnden Dienstplans zu bleiben – nicht weiß, welche konkreten Uhrzeiten abzudecken sind, wie um Himmels Willen, soll ich dann als Teilnehmende tragfähige Lösungen erarbeiten? Erst wenn die Rahmenbedingungen transparent auf dem Tisch liegen, gibt's am Ende des Tages umsetzbare Ergebnisse.

Es kann darüber hinaus durchaus sinnvoll sein, im Rahmen einer Moderation Lösungsansätze aus den anderen beiden Kreisen zu erarbeiten. Wenn es beispielsweise um die Verbesserung der Serviceorientierung in einer Bankfiliale geht, ist es wichtig und sicherlich auch gefordert, zunächst an Lösungsansätzen im Team zu arbeiten (Internal Circel). Und es kann darüber hinaus Potenziale geben, die die Mitarbeitenden zum Beispiel in Zusammenarbeit mit Kooperationspartnerinnen und -partnern der angeschlossenen Versicherung heben können (Middle Circel). Möglicherweise hat das Serviceteam aber auch richtig gute Ideen zur Erweiterung des Online-Angebotes. Hier haben die Mitarbeitenden zwar keinen Einfluss, können aber durch ihre Beratungserfahrung und den Austausch mit den Kundinnen und Kunden wertvolle Ansätze liefern (External Circel).

Es ist hier die Aufgabe von uns Moderierenden, genau diese Rahmenbedingungen im Vorfeld abzusprechen und transparent zu machen. Worauf soll der Fokus gerichtet werden? Was bringt alle am Ende des Tages einen guten Schritt weiter?

Der External-Circle-Teil als Zwischenziel

Um groß zu denken, über den Tellerrand hinaus zu schauen und Innovationen auf den Weg zu bringen, ist es elementar, gewohnte Bahnen zu verlassen und out of the box zu denken. Dazu müssen wir den Beeinflussungsgrad temporär komplett links liegen lassen. Mit vielfältigen Inspirationsquellen (Kapitel 5) und darauf aufbauenden Tools und Formaten bekommst du in diesem Buch jede Menge Handwerkszeug, um deine Teilnehmenden zum Neudenken anzuregen. Auch in meinem Beispiel der Dienstplangestaltung waren die Teilnehmenden zwischendurch übrigens auf Wolke sieben und sind am Ende mit konkreten Ergebnissen aus dem Workshop gegangen.

Wichtig sind hierbei zwei Dinge:

- Klare Kommunikation ist das A und O. Deine Teilnehmenden brauchen immer die Gewissheit, in welchen Sphären sie sich gerade bewegen sollen. Man muss sich ja auch erst einmal trauen, komplett verrückte Antworten zu liefern! Fordere ich nicht unmissverständlich dazu auf, werde ich auch keine bahnbrechenden Ideen erhalten.
- Der Weg durch die unterschiedlichen Phasen wird in deinem Moderationskonzept abgebildet. Deine Teilnehmenden kennen diesen natürlich nicht. Deshalb ist es wichtig, ihnen die wichtigsten Meilensteine zu Beginn vorzustellen. So erhalten sie die Zuversicht, dass – trotz temporärer Höhenflüge – am Ende des Tages umsetzbare Ergebnisse entstehen.

Manchmal ist der External Circle Programm

Es gibt immer wieder Formate, in denen es ausschließlich darum geht, Meinungen, Wünsche und Ideen einer bestimmten Zielgruppe kennenzulernen. Dann fungieren die Teilnehmenden in einer komplett anderen Rolle. Es ist nicht ihre

Aufgabe, gemeinsam Lösungen zu erarbeiten, sondern vielmehr Impulse zu geben. Sie haben aber keine direkten und konkreten Erwartungen hinsichtlich der Umsetzung. Und das sollte so natürlich auch kommuniziert werden.

3.4 Moderations-Check: Umsetzungschance

Moderationen bieten viele Chancen und ein großes Risiko – die Demotivation der Teilnehmer. Ob bei einer »Pflichtteilnahme« im Unternehmen oder einer Mitwirkung auf freiwilliger Basis, beispielsweise bei einer Zukunftskonferenz einer Kommune – die Teilnehmenden investieren jede Menge Zeit, Hirnschmalz und Herzblut. Das macht nur dann Sinn, wenn die Einladenden auch ein ehrliches Interesse an den Ergebnissen haben und bereit dazu sind, mit den entstandenen Lösungsansätzen weiterzuarbeiten.

Werden Moderationen als Alibiveranstaltungen eingesetzt, ist die Frustration der Teilnehmenden sicher. Und verständlicherweise ist auch die Moderation als Methode bei diesen Personen für lange Zeit verbrannt. Es ist also genau darauf zu achten, ob die Themen, Ideen und Lösungsansätze, die mithilfe einer Moderation erarbeitet werden, auch tatsächlich weiterentwickelt werden sollen beziehungsweise können.

Einen großen und wichtigen Schritt in Richtung Umsetzbarkeit gehst du, wenn du dir den Beeinflussungsgrad der Beteiligten genau anschaust und diesen kritisch und genau mit deinen Auftraggebenden thematisierst. Manchmal muss man einfach ein wenig nerven, um am Ende mit glasklaren Rahmenbedingungen arbeiten zu können. Aber es lohnt sich. Versprochen.

Der Moderations-Check »Umsetzungschance« fokussiert über den Beeinflussungsgrad der Beteiligten hinaus zwei wesentliche Punkte:

- Dürfen die erarbeiteten Ergebnisse – selbst wenn sie von den Teilnehmenden aus eigener Kraft umgesetzt werden könnten – auch tatsächlich realisiert werden oder gibt es noch eine »Veto-Macht«?

- Und insbesondere am Ende der Moderation: Sind die Häppchen noch verdaulich oder haben sich die Teilnehmenden zu viel zugemutet und werden bei der Umsetzung vom Alltag bitter eingeholt? Hier kann der Maßnahmen-Check – inspiriert von Walt Disney (Kapitel 9.8) deine Teilnehmenden dabei unterstützen, Stolpersteine der Umsetzung zu identifizieren und somit nachhaltig auf die Umsetzungschance einzuwirken.

Ob eine Moderation erfolgreich war, erkennen wir nicht am Ende der Veranstaltung. Ob eine Moderation erfolgreich war, können wir erst dann beurteilen, wenn wir sehen, was davon in der Praxis ankommt. Und hier leistet ein kritischer Blick auf die tatsächliche Umsetzungschance wertvolle Dienste.

3.5 Moderations-Check: Keine Moderation ohne Ziel

In der Moderation geht es darum, Teilnehmende innerhalb der gesetzten Rahmenbedingungen zu beteiligen und sie auf dem Weg zu einer gemeinsamen Lösung zu begleiten. Deshalb ist eine Moderation grundsätzlich auch ergebnisoffen. Es steht also im Vorfeld nicht fest, welche Lösungen und Maßnahmen am Ende des Tages herauskommen sollen. Wohl gemerkt im vorgegebenen Rahmen! Wenn sinnstiftende Partizipation lediglich für die Anlässe reserviert wäre, in denen ausnahmslos alles infrage gestellt werden darf und soll, dann hätte ich mir schon lange einen anderen Job suchen müssen. Wenn alle Randparameter gesetzt und kommuniziert werden, bleibt selbst in Fällen wie der Gestaltung des neuen Dienstplans aus meinem Verwaltungsbeispiel ein ergebnisoffenes Feld, das dann im Kollektiv gestaltet werden kann.

Doch Vorsicht: Bei aller Ergebnisoffenheit braucht jede Form der partizipativen Beteiligung dennoch ein Ziel! Oder um mit dem legendären chinesischen Philosophen Laozi zu sprechen:

Nur wer sein Ziel kennt, findet den Weg.

Das ist nun wirklich nichts Neues? Stimmt! Schließlich hat Laozi im sechsten Jahrhundert vor Christus gelebt. Und doch hat die Sensibilisierung für diese Aussage an Aktualität nichts eingebüßt. Auch im Moderationskontext. Oder wie ist das in Meetings und Workshops, an denen du selbst teilnimmst? Ist dir immer direkt klar, wie das konkrete Ziel des gemeinsamen Miteinanders lautet? Eine konkrete und transparente Zielsetzung steht der Ergebnisoffenheit keinesfalls im Weg. Das Ziel ist sozusagen das »Gefäß«. Das erarbeitete Ergebnis ist der Inhalt, mit dem es gefüllt ist. Ziel eines Workshops kann es sein, die Zusammenarbeit im Projekt effizienter zu gestalten und Abstimmungswege zu verkürzen. Das Ergebnis sind die einzelnen Schritte und Maßnahmen, mit denen dies erreicht werden soll.

Ob konkret und umsetzbar oder visionär – das Ziel muss in jedem Fall gut durchdacht und dann auch so transparent gemacht werden. Ausschlaggebend sind hierfür die Punkte des Moderations-Checks:

- Gruppenbetrachtung mithilfe der Aggressionsskala;
- Themenbeleuchtung anhand der Komplexität und Anzahl der Beteiligten;
- Beeinflussungsgrad mit dem Internal, Middle und External Circle;
- Beurteilung der Umsetzungschance.

Diese vier Punkte geben Auskunft darüber, ob und unter welchen Bedingungen eine Moderation sinnvoll ist. Sie verdeutlichen sowohl Auftraggebenden als auch Moderierenden die Situation mit all ihren Chancen und Risiken. Gemeinsam kann nun das finale Ziel ausformuliert werden. Das Ziel eines Meetings oder eines Workshops ist der zentrale Dreh- und Angelpunkt der Moderationskonzeption und -Durchführung. Dein richtunggebender Leitstern, nach dem es jeden einzelnen Schritt innerhalb des Moderationsprozesses auszurichten gilt. Und so steht auch während der Ausarbeitung jeder einzelnen Workshop-Aufgabe immer die eine wichtige Frage: »Kommen wir durch diesen Schritt, durch diese Fragestellung unserem Ziel näher?«

Der Moderations-Check auf einen Blick:

1. Wie viel Handlungsenergie hat die zu moderierende Gruppe?

a. Ausgewogenes Level – Let's go!
b. Zu viel Energie – Dampf raus.
c. Zu wenig Energie – Ernst der Lage bewusst machen.

2. Passen Komplexität des Themas und Anzahl der Beteiligten?

a. Ausgewogenes Level – Let's go!
b. Themen die nur einige betreffen separieren.
c. Vermeintlich einfache Themen, die viele betreffen, nicht unterschätzen, sondern die Menschen in kleinen Transfersequenzen mit einbeziehen.

3. Beeinflussungsgrad – befinden sich die Teilnehmenden im Internal, Middle und External Circle?

a. Wen braucht es (noch), um das Moderationsziel zu erreichen?
b. Wo sollen die Lösungen gefunden werden? Im Internal, Middle und/oder External Circle?
c. Welche Rahmenbedingungen müssen die Teilnehmenden kennen, um umsetzbare Lösungen entwickeln zu können?

4. Wie ist es um die Umsetzungschance bestellt?

a. Dürfen die Ergebnisse am Ende auch umgesetzt werden oder gibt es eine Veto-Macht? Hier besteht das Risiko der Alibiveranstaltung – Vorsicht!
b. Welche Häppchen sind so verdaulich, dass sie von den Teilnehmenden auch im Alltag umgesetzt werden können?

5. Das definierte Ziel

Unter Berücksichtigung der oben genannten Punkte folgt als Abschluss des Moderations-Checks die konkrete Ausformulierung des Ziels.

Den Moderations-Check auf einen Blick findest du im Download-Bereich zu diesem Buch.

4.
Nie wieder planlos – So stellst du schon im Vorfeld die Weichen für Setting, Ablauf & Co.

4.1 Virtuell oder live und in Farbe?

Ist es nicht großartig, wie unkompliziert Teams, die über den ganzen Erdball verteilt sind, heute virtuell zusammenkommen? Statt in den Flieger zu steigen, einfach kurz den Rechner hochfahren. Und selbst wenn für ein persönliches Treffen keine Kontinente überquert werden müssten, eröffnen uns Zoom, Teams & Co ganz neue Möglichkeiten, uns kurzfristig und flexibel zu sehen und auszutauschen. Mein Ausbildungsinstitut für Systemische Moderation gibt es seit 2011. Und immer wieder habe ich mich mit dem Gedanken getragen, Interessierten die Möglichkeit einer kostenlosen Info-Veranstaltung zu bieten. Da wir aber nicht regional verankert sind, sondern vielmehr die Teilnehmenden aus dem gesamten Bundesgebiet anreisen, würde eine solche Veranstaltung an einem festen Ort wenig Sinn ergeben. Regen Zuspruch hingegen finden unsere seit 2021 stattfindenden virtuellen Infoabende. Und auch für unsere Absolventinnen und Absolventen bieten unsere virtuellen Austauschformate immer wieder eine willkommene Gelegenheit, um am Thema dran zu bleiben und sich mit anderen Moderatorinnen und Moderatoren auszutauschen. Ganz egal, ob sie gerade am Bodensee oder in Flensburg sind.

Onlineformate sind also ein großer Gewinn für unser Repertoire an Möglichkeiten, miteinander zu kommunizieren, voneinander zu lernen und uns auszutauschen. Eine Reduzierung der geschäftlichen Reisen spart nicht nur Zeit und Geld, sondern schont darüber hinaus auch die Umwelt. Auch Flexibilität und Spontanität sind im Vergleich zu Präsenztreffen weitaus größer. Gerade wenn die Teilnehmenden größere Strecken zurücklegen müssen, bis sie am Meetingort angekommen sind. Und manchmal ermöglichen virtuelle Treffen ein Miteinander, das live und in Farbe niemals zu realisieren wäre.

Doch wo Licht ist, ist auch Schatten. Denn Onlinemeetings bergen bei allen Chancen auch eine Fülle an Risiken und Herausforderungen in sich. Das fängt bei der Technik an und hört bei der geringen Aufmerksamkeitsspanne und der hohen Ablenkungsquote noch lange nicht auf. Ich bin sicher, auch du könntest deinen persönlichen Beitrag leisten, wenn ich mit einem Sammelbehälter für negative Onlineerfahrungen bei dir anklopfen würde.

In Zeiten, in denen wir uns nicht persönlich begegnen durften, waren virtuelle Formate ein Segen – und gleichzeitig auch unsere einzige Chance. Und selbst diejenigen, die sich zuvor gegen das virtuelle Miteinander sträubten, haben häufig unerwartet positive Erfahrungen gemacht und bis dato nicht geahnte Kompetenzen aufgebaut. Wenn mir jemand zuvor erzählt hätte, wie viel Spaß es bereiten kann, mit dem Laptop in der Küche zu stehen und gemeinsam mit Freunden für das virtuelle Menü zu schnippeln und zu bruzzeln – ich hätte es mir nicht vorstellen können.

Virtuelle Meetings werden uns auch künftig erhalten bleiben. Und das ist gut so. Auch ich profitiere in meiner Moderationstätigkeit von virtuellen Treffen während des Abstimmungsprozesses. Früher war es für mich völlig normal, Briefing- und Abstimmungsgespräche mit meinen Kundinnen und Kunden im Vorfeld einer Moderation persönlich und vor Ort abzuhalten. Manchmal war das durchaus wichtig und sinnvoll und wird auch künftig so gehandhabt werden. Und manchmal stand der Aufwand für An- und Abreise einfach in keinem Verhältnis zum eigentlichen Treffen. Aber so war es eben üblich. Und ganz nebenbei wäre vor der Pandemie auch nicht in jeder Institution die entsprechende technische Ausstattung vorhanden gewesen. Das hat sich nun grundlegend geändert. Was ich hierbei übrigens ganz schön finde, ist, dass telefonische Abstimmungen, die es zusätzlich zu den Präsenzterminen auch früher schon gab, nun häufig durch Onlinemeetings ersetzt werden. Es ist einfach viel komfortabler, gemeinsam auf einen geteilten Bildschirm zu schauen und den Moderationsleitfaden abzustimmen. Und mich freut es darüber hinaus, in die Gesichter meiner Ansprechpartnerinnen und Ansprechpartner zu sehen. Wenn auch nur auf dem Bildschirm. Onlinemeetings können also durchaus ein Upgrade sein!

Was bedeutet nun diese auch zukünftig hohe Relevanz von virtuellen Meetings und Workshops für die Moderation?

1. Wenn Onlinemeetings unsere Arbeit prägen, sollten wir diese auch so gestalten, dass unsere Arbeit davon profitieren kann. Stichwort virtuelle Moderationskompetenz.
2. Wenn wir die Möglichkeit haben, Moderationen on- oder offline durchzuführen, sollten wir genau hinschauen, diese Entscheidung entsprechend ernst nehmen und vor allen Dingen ganz bewusst treffen.

Der virtuelle Raum ist Teil unserer täglichen Arbeitswelt geworden. So wirst auch du dich im Rahmen deiner zu moderierenden Meetings sicherlich immer wieder in Onlineszenarien wiederfinden. Während Mindset, Safe Space und Moderations-Check in beiden Settings gleichermaßen den Boden für sinnstiftende Moderationen bereiten, unterscheiden sich die Anforderungen während der Durchführung doch sehr. Eine Moderation lässt sich eben nicht eins zu eins aus der realen in die virtuelle Welt übertragen.

> **Tipp: Ganz im Zeichen erfolgreicher Onlinemeetings stehen**
> Kapitel 8 »Gewusst wie. Erfolgsfaktoren für deine Onlinemeetings jenseits der Technik« und
> Kapitel 9 »Deine Toolbox für lebendige Onlinemeetings«.

Doch zurück zur Frage on- oder offline: Während sich mit entsprechender Moderation viele Themen gut im virtuellen Raum bearbeiten lassen, gibt es durchaus auch die anderen Anlässe. Immer wenn es darum geht, heikle, persönliche Dinge anzufassen, Empathie zu zeigen und Verständnis zu entwickeln, bevorzuge ich eindeutig die Präsenz. Und auch wenn das persönliche Kennenlernen und der Aufbau von Beziehung und Netzwerk im Fokus steht, sehe ich das persönliche Treffen im Vorteil.

Bei angeleiteten kreativen Prozessen funktionieren beide Welten – vorausgesetzt, die kreativitätsfördernden Potenziale der unterschiedlichen Settings werden auch entsprechend genutzt und voll ausgeschöpft. Und ich bin ganz ehrlich – wenn es um umfassendere Workshops geht, bevorzuge ich es als Moderatorin, meine Teilnehmenden live und in Farbe zum kreativen Miteinander zu inspirieren und den Prozess zu begleiten. Doch da tickt jeder anders. Wichtig ist nur, dass du die Entscheidung, ob eine Moderation online oder offline stattfinden soll, nicht dem Zufall überlässt, sondern deine Wahl anhand der folgenden Kriterien triffst:

- Welche Moderationsform ist für Thema und Ziel geeignet?
- Mit welcher Moderationsform können deine Teilnehmenden gut arbeiten?
- Welche Moderationsform passt zu dir?

Die Frage, ob ein Meeting oder Workshop in Präsenz oder virtuell stattfinden soll ist besonders für Teams relevant, die weit verstreut sind und zu einem großen Teil im Homeoffice arbeiten. Da muss sich der Weg raus in die reale Welt schon lohnen. Routine-Abstimmungsmeetings sind sicherlich kein motivierender Anlass um das Team zusammenzutrommeln.

Exkurs: Hybride Meetings

Eine Anmerkung an dieser Stelle zu hybriden Meetings: Wenn du dich entscheidest, in einem hybriden Format zu arbeiten – also ein Teil der Teilnehmenden vor Ort ist und der andere Teil virtuell zugeschaltet wird – braucht es hier noch einmal eine besondere Form der Vorbereitung und Durchführung, damit du alle Teilnehmenden gleichermaßen mit im Boot hast. Denn das geschieht nicht mal so nebenbei. Siehst du dich perspektivisch in der Rolle der hybriden Moderatorin oder des hybriden Moderators, so nimm alles, was du in diesem Buch erfährst mit – und sattle dir noch spezielles Know-how für den hybriden Kontext auf. Deine Teilnehmenden danken es dir.

Unterschätze nie den Erfolgsfaktor Zufall

In diesem Zusammenhang ein kurzer gedanklicher Ausflug zur Frage: »Wann lohnt es sich, aus dem Homeoffice ins Büro zu kommen?« Auch wenn wir durch zielorientierte, inspirierende Moderationen konkrete, tragfähige und innovative Ergebnisse erreichen können, sollten wir eines nicht außer Acht lassen: Das kokreative, schöpferische Potenzial in Unternehmen und Institutionen kommt nicht nur in eigens hierfür aufgesetzten Workshops zum Tragen. Ideen entstehen häufig dann, wenn man gar nicht damit rechnet. Und zwar nicht nur unter der gern zitierten Dusche, sondern durch Zufallsbegegnungen im Unternehmen. Sei es im lockeren Gespräch beim Mittagessen oder auf dem Weg vom Büro zur U-Bahn oder ins Parkhaus. Und während des zwang- und agendalosen Austauschs entstehen nicht selten interessante Ideen, die irgendwann von der privaten, ungeplanten Gesprächsebene zurück in den Arbeitskontext wechseln und den Boden für geschäftsrelevante Lösungsansätze bereiten. Besonders interessant wird es, wenn diese Begegnungen außerhalb des eigenen Silos stattfinden. Also mit Personen, die nicht zum eigenen Team oder der eigenen Abteilung gehören. So kann man voneinander lernen und Ideen entwickeln, die weit über den eigenen Tellerrand hinausgehen.

Eine der bekanntesten Geschichten, in denen aus einer zufälligen Begegnung der Anfang einer großen Erfolgsstory wurde, hat die Frankfurter Allgemeine Sonntagszeitung aufgegriffen und in ihrer Ausgabe vom 4. Oktober 2020 im Rahmen des Artikels »Wie Corona uns den Zufall raubt« veröffentlicht.

»Es war der Sommer 1995, als ein junger Wissenschaftler namens Sergey an der Universität Stanford ein paar potenzielle neue Doktoranden begrüßte. Er führte sie auf einer kurzen Tour über den Campus, fuhr mit ihnen nach San Francisco, man spazierte gemeinsam über die Hügel der Stadt. Mit in der Gruppe war auch ein Ingenieur aus Michigan namens Larry. Die beiden fanden einander unausstehlich, so erzählten sie es später, trotzdem redeten – oder besser: stritten – sie pausenlos miteinander. Voneinander lassen konnten sie auch nicht. Larry kam an die Universität und erforschte das Internet: Die

Zusammenhänge im Web könnte man doch viel besser verstehen, wenn man darauf achten würde, welche Seiten wohin verlinken. Die Idee war gut, nur die Mathematik war kompliziert. Ein Glück, dass Larrys neuer Freund Sergey ein begnadeter Mathematiker war. Zusammen entwickelten die beiden eine Suchmaschine und nannten sie später Google.«

Diese wertvolle und gänzlich ungeplante Ideenschmiede stand während der Zeit, in der alle Mitarbeitenden im Homeoffice waren, natürlich komplett still. Und wenn sich Unternehmen dazu entschließen, die Mitarbeitenden zu einem Großteil im Homeoffice zu belassen, wird sie auch künftig nicht mehr so richtig Fahrt aufnehmen. Für mich ist die Arbeitsplatzthematik deshalb nie schwarz-weiß zu betrachten. Ich bin da eher eine Verfechterin von »best of both«.

Möglicherweise fragst du dich gerade, was diese zufälligen Begegnungen nun mit geplanter Moderation zu tun haben? Nun – wenn wir die Erkenntnis für uns und unsere Arbeit nutzen jede Menge. Das Potenzial der Zufallsbegegnungen ist auch im Moderationskontext hoch interessant! Denn wir sehen, dass nicht nur die Zeit gut genutzt ist, in der die Teilnehmenden zielorientiert und effizient an einer konkreten Lösung arbeiten! Zeit für Gespräche und Austausch ohne konkrete Absicht, ist keine verlorene Zeit. Sie ist vielmehr zwischenmenschlich, fachlich und unternehmerisch gut investiert. Das soll keinesfalls dazu verführen, Meetings und Workshops dann doch als absichts- und agendalose Gesprächsrunde aufzuziehen. Im Gegenteil! Wo effizient und zielführend gearbeitet wird, bleibt auch Raum für Austausch abseits der Agenda. Sei es beim Spaziergang in der Mittagspause oder beim abschließenden Abendessen. Bei der Planung von Präsenzanlässen solltest du diese Zeitfenster immer mit einplanen und deren Wert nicht unterschätzen. Dabei möchte ich gar nicht das klischeehafte Bild von langen Nächten an der Hotelbar aufrufen. Die Salatbar um die Ecke funktioniert ganz genauso wie die gelieferte Pizza im Pappkarton. Es geht um gemeinsame Zeit und Raum für lockere Gespräche. Gerade Teams, die sich nicht regelmäßig sehen, verlieren ansonsten leicht den persönlichen Draht zueinander.

Nun sind die Begegnungen von Kolleginnen und Kollegen im Rahmen eines Teamworkshops natürlich erstens nicht ganz zufällig und zweitens logischerweise komplett im eigenen Silo. Hatte ich nicht eben betont, dass gerade die Gespräche außerhalb des eigenen Silos besonders inspirierend sind? Genau. Das eine tun und das andere nicht lassen! Neben der Einplanung von »inhaltsfreier Zeit« im Rahmen von Meetings und Workshops des eigenen Teams hast du als Moderatorin und Moderator darüber hinaus die Möglichkeit, Anlässe zu schaffen und Formate zu etablieren, die genau diesen übergreifenden Austausch zum Ziel haben (siehe auch Kapitel 10 »Format-Inspirationen für modernes Arbeiten«). Natürlich hilfst du bei allem dem Zufall ein wenig auf die Sprünge. Aber warum auch nicht? Und die »echten Zufälle« dürfen dann jederzeit gerne spontan um die Ecke kommen!

4.2 Phasen einer Moderation, um Ideen zu generieren und Lösungen zu verabschieden

Egal, ob Meeting oder Workshop – jede Moderation unterteilt sich in unterschiedliche Phasen, die dann auch verschiedene Aufgaben zu erfüllen haben.

Begrüßung und Ausblick: Los geht's für alle extern Moderierende nach der Begrüßung mit der persönlichen Vorstellung. Hier ist es wichtig, Vertrauen aufzubauen. Für intern Moderierende ist gleich zu Beginn die Rolle zu klären. Es folgt – egal, ob extern oder intern – der Ausblick auf das Ziel und die Meilensteine auf dem Weg dorthin.

Check-in: Der optimale Start ins gemeinsame Miteinander ist ein kurzer Check-in. Und das beileibe nicht just for fun oder weil man das halt so macht (wie man übrigens auch sonst nichts tun sollte, weil man es einfach so macht!). Nein, die kurze Runde zum Ankommen erfüllt ganz konkrete Aufgaben:

- Alle werden von Anfang an mit einbezogen und kommen in gleichem Umfang einmal zu Wort.

- Durch die Thematisierung persönlicher Befindlichkeiten, kommen die Teilnehmenden auch als Mensch an.
- Die Teilnehmenden stellen sich inhaltlich auf das Thema ein.

Hierzu ist es wichtig, den Check-in mit zwei bis drei Fragen zu strukturieren und dabei auch die oben genannten Kategorien Befindlichkeiten und Bezug zum Thema in die Fragestellungen einzubinden. Kennen sich nicht alle in der Runde, wird die Vorstellung integriert (auch mit vorgegebener Fragestellung – sonst könnte es ausufern).

Wie wichtig das Ankommen als Mensch sein kann, habe ich am eigenen Leib erfahren. Am späten Vorabend eines Halbtagesworkshops ist mein pflegebedürftiger Vater ins Krankenhaus eingeliefert worden. Auch wenn die Situation nicht lebensbedrohlich war, ging es ihm nicht gut. Am Morgen telefonierte ich vor dem Veranstaltungsgebäude noch mit meiner Schwester, um jede Menge Fragen zu klären. Tja, und dann ging's direkt in den Workshop. Ich habe mich als Moderatorin getraut, selbst mit einzuchecken und neben den beiden anderen Einstiegsfragen, die ich vorbereitet hatte eben auch die Frage »Wie geht's mir gerade« ehrlich zu beantworten. Und ich bin ganz offen: Es hat mich Überwindung gekostet! Was dann passiert ist, beeindruckt mich noch heute nachhaltig: Mir ging es danach spürbar besser und ich konnte mich auf den Workshop konzentrieren. Dieser hat dann auch seinen geplanten Gang genommen. Was mich aber sehr gefreut hat, dass in der Pause doch einige Teilnehmende auf mich zukamen und von ihrer eigenen Situation mit ihren pflegebedürftigen Eltern berichtet haben.

Divergierende Phase

In der divergierenden Phase einer Moderation gilt es, den sprichwörtlichen Raum zu öffnen und Ideen auf breiter Ebene zuzulassen. Gerade, wenn es darum geht, neue, kreative und innovative Lösungen zu finden, gelingt dies am besten ohne Scheren im Kopf. Alles ist möglich. In dieser Phase leisten dir die Inspirationsquellen (Kapitel 5) gute Dienste! Hier geht es wirklich um Ideen, wie Sand am Meer.

Konvergierende Phase: Aus der Fülle der Ideen gilt es, die Ergebnisse zu fokussieren und entsprechend der Zielsetzung des Workshops zu konkretisieren. Jetzt werden die während der divergierenden Phase ausgeblendeten Vorgaben und Rahmenbedingungen bewusst eingesetzt, um am Ende auch umsetzbare Ergebnisse zu erhalten. Hier unterstützen dich die Methoden zur Ideenbewertung und Entscheidung (Kapitel 7). Auch Methoden, die bestimmte Perspektiven fokussieren, helfen dir hier weiter.

Hinweis zu Reihenfolge und Extraschleifen: Erst wenn Ideen gesammelt wurden, wird es auch möglich, diese zu fokussieren. Deswegen steht die divergierende Phase immer vor der konvergierenden Phase. Damit ist der Moderationsprozess aber meist noch nicht zu Ende. Denn wenn einzelne Ansätze, die beim Ideensprudeln entstanden sind, dann mithilfe der konvergierenden Phase konkretisiert und ausgewählt wurden, ergibt sich ein Lösungsansatz, der dann möglicherweise in einer neuen – in kleinerem Rahmen – divergierenden Phase ausgearbeitet wird. Wichtig ist, dass du dir immer bewusst bist, was es gerade braucht. Dann kannst du deine Tools und Fragestellungen auch so auswählen, dass sie in die richtige Richtung abzielen. Frage dich also immer: Was brauche ich gerade: Fülle oder Fokus?

Maßnahmenplan: Mit einem »Schön, dass wir darüber geredet haben« wirst du die Welt nicht verändern! Damit die erarbeiteten Lösungen auch direkt in die Umsetzung gehen können, braucht es ein gemeinsames Verständnis, wer welche Verantwortung trägt und bis wann die übernommene Aufgabe zu erledigen ist. Bei komplexeren Themen empfehle ich den Maßnahmen-Check – inspiriert von Walt Disney – durchzuführen (Kapitel 9.8). Hier werden dann auch mögliche Stolpersteine bei der Umsetzung thematisiert und ausgeräumt.

Zum guten Schluss: Der Ausstieg aus einem Workshop oder Meeting kann auf unterschiedliche Weise erfolgen. Suche dir hier die Möglichkeit aus, die für die Gruppe, das Thema und das gemeinsame Lernen am besten geeignet ist.

Check-out mit Fokus auf das Ergebnis: Bei einer Reflexion auf das Ergebnis wird der erarbeitete Inhalt bewertet. Wie zufrieden sind wir mit dem Ergebnis? Was nehmen wir mit? Was haben wir gelernt?

Check-out mit Fokus auf die Zusammenarbeit: Insbesondere wenn Teams sich als lernendes System verstehen und die Zusammenarbeit kontinuierlich verbessern möchten, empfehle ich dir einen Check-out, in dem aus der sogenannten Metaperspektive das WIE reflektiert wird. Die Teilnehmenden blicken also nicht auf die erarbeiteten Inhalte, sondern vielmehr auf die Art und Weise, wie sie zusammengearbeitet haben.

Doppel-Check-out Was und Wie: Wenn du sowohl das Was als auch das Wie näher beleuchtet haben möchtest, empfehle ich dir zunächst, im gewohnten Setting den Check-out auf die Ergebnisse durchzuführen. Dann lade deine Teilnehmenden ein, das Setting zu ändern, indem ihr euch beispielsweise hinter eure Stühle stellt. Aus dieser neuen Perspektive reflektiert ihr nun die Zusammenarbeit.

Commitment-Aktion: Insbesondere bei größeren Workshops bin ich ein absoluter Fan von gemeinsamen Commitment-Aktionen. So wird es möglich, dass jede und jeder den persönlichen Beitrag noch einmal reflektiert und gleichzeitig Teil einer abschließenden Gemeinschaftsaktion ist. So kannst du deine Teilnehmenden zum Beispiel ihr Commitment auf ein großes Blanko-Puzzle-Teil schreiben lassen. Danach werden alle Einzelteile zu einem großen Gesamtbild zusammengefügt. Das wird dann fotografiert. Anschließend dürfen alle wieder ihr Puzzle-Teil mit nach Hause nehmen. Auf diese Weise haben die Teilnehmenden nicht nur eine Erinnerung an den Workshop, sondern gleichzeitig auch immer ihr persönliches Commitment vor Augen!

4.3 Weitere Bestandteile und Aufgaben von Meetings und Workshops

Meetings und Workshops haben neben der Erarbeitung neuer Lösungen häufig auch ganz andere Ziele und Aufgaben. Schwierig wird es dann, wenn die unterschiedlichen Disziplinen miteinander vermischt werden. Und das passiert regelmäßig. Deshalb ist es für die Effizienz und Sinnhaftigkeit von Besprechungen elementar wichtig, das Ziel und davon abgeleitet auch die Art des Meetings klar zu definieren und zu kommunizieren.

Unabhängig davon, welche Art von Meeting oder Workshop du durchführst – die im vorigen Kapitel vorgestellten Bestandteile Begrüßung und Ausblick sowie Check-in und Check-out sind unabhängig von Thema und Setting der Moderation wichtige Elemente, die du immer integrieren solltest.

Moderationsbestandteil Input
Gerade in Meetings werden klassischerweise auch viele Informationen weitergegeben – beispielsweise durch die Führungskraft. Dies geschieht aber mitunter recht spontan und unvorbereitet. Geteilte Informationen ergeben aber nur dann einen Sinn, wenn die Relevanz für alle klar ist. Einfach ein paar Brocken hinzuwerfen, bringt keinen Mehrwert. Deshalb empfehle ich, den Informations-Part als eigenen Bestandteil des Meetings ernst zu nehmen und entsprechend vorzubereiten. Hier hilft dir ein Perspektivwechsel:

»Angenommen du wärst Teilnehmerin beziehungsweise Teilnehmer – welche Informationen benötigst du, um deine Arbeit gut erledigen zu können? Über welche Themen und Inhalte würdest du in diesem Meeting gerne informiert werden?«

Hier können durchaus Themen dabei sein, die unterschiedliche Teilnehmende beizusteuern haben. Dann informiere sie rechtzeitig, damit sie sich entsprechend vorbereiten können.

Du erinnerst dich an die eine Wahrheit, die es nicht gibt? Auch auf Informationen, die weitergegeben werden, hat jede und jeder eine andere Perspektive. Angefangen bei der Person, die Information weitergibt.

Gedacht heißt nicht immer gesagt,
gesagt heißt nicht immer richtig gehört,
gehört heißt nicht immer richtig verstanden,
verstanden heißt nicht immer einverstanden,
einverstanden heißt nicht immer angewendet,
angewendet heißt noch lange nicht beibehalten.

Konrad Lorenz (1903–1989), österreichischer Verhaltensforscher, Nobelpreisträger

Deshalb gehört zu jeder geteilten Information ein Abgleich des Verständnisses und eine mögliche Ableitung von erforderlichen Handlungen. Hier hilft dir beispielsweise der EVA-Dreiklang (Kapitel 9.6).

Moderationsbestandteil Lernen

Das Thema Lernen ist mir bei der Neugestaltung der Zusammenarbeit so wichtig, dass ich ihm an ziemlich früher Position im Buch ein eigenes Unterkapitel gewidmet habe. Falls du es aus Versehen überblättert hast, schau doch einfach noch einmal zurück (Kapitel 2.6). Darüber hinaus findest du bei den Moderationsformaten (Kapitel 10) einige Anregungen, wie du hierzu eigene Settings bauen kannst.

Moderationsbestandteil Team-Reflexion

Bereits der Check-out ist eine Form der Reflexion, die du immer in deine Meetings und Workshops integrieren solltest. Und von Zeit zu Zeit ist es wertvoll, das partizipative Miteinander zum Thema zu machen. Im Buch »On the Way to New Work« sprechen Swantje, Michael und Christoph hierbei von »Meetings zur Teamhygiene« (Allmers, Trautmann, Magnussen 2022: 201). Du findest bei den Moderationsformaten (Kapitel 10) auch hierzu einige Anregungen.

4.4 Dein Konzept für zielführende und inspirierende Präsenz-Moderationen

Mit einem verantwortungsbewusst durchgeführten Moderations-Check und der dementsprechend ausgerichteten Zielformulierung hast du das Fundament für eine konstruktive und ergebnisorientierte Moderation gelegt. Hierauf gilt es nun, das methodische Vorgehen Schritt für Schritt abzustimmen und aufzubauen und in einem konzeptionellen Fahrplan, der dich später durch das Meeting oder den Workshop begleitet, festzuhalten. Je durchdachter der Plan, desto größer die Wahrscheinlichkeit, damit am Ende des Tages auch einen guten Moderationsjob zu machen.

Während der Konzeptionsphase gilt es also, sich intensiv und konkret mit der zu moderierenden Gruppe, der Thematik und passgenauen, inspirierenden Moderationsmethoden auseinanderzusetzen. Die einzelnen Moderations-Phasen liegen dem ausgearbeiteten Drehbuch zugrunde: Du solltest immer vor Augen haben, ob deine Frage- und Aufgabenstellung an der jeweiligen Stelle auf Vielfalt oder auf Fokus ausgelegt ist.

Ich empfehle dir, bei der Konzeption einer Moderation mit einer festen Struktur zu arbeiten, die

- inhaltliche Aspekte mit
- methodischen Details und
- organisatorischen Hinweisen

verbindet.

Bevor es überhaupt konzeptionell losgeht, ist es wichtig, sich noch einmal das konkrete Ziel der Gesamtmoderation und die entsprechenden Rahmenbedingungen zu vergegenwärtigen. Am besten, du schreibst das Ziel direkt über deinen Fahrplan. Denn mit diesem vor Augen, ertappst du dich leichter, wenn du dich einmal voller Begeisterung im Methoden-Flow vergaloppierst und dein Ziel vor lauter fancy Tools unbemerkt Stück für Stück in den Hintergrund rückt.

Mein Moderationsplan, den ich in einer Excel-Tabelle im Querformat erstelle, besteht aus folgenden acht Kategorien:

- Uhrzeit – gibt zeitliche Orientierung,
- Dauer – gibt Orientierung über den veranschlagten Zeitbedarf,
- Thema – Überbegriff der Moderationssequenz,
- Ziel – definiert, was in dieser Sequenz erreicht werden soll,
- Frage/Inhalt – hier findet sich die konkrete, final ausformulierte Fragestellung.
- Inspirationsquelle/Methode – Auf welche Weise möchte ich die Teilnehmenden zu neuem Denken inspirieren oder ihre Kreativität befeuern?
- Technik/Material – Welche Technik und Materialien benötige ich hierzu?
- Wer – Wer ist hierbei aktiv und an der Reihe?

Eine entsprechende Vorlage findest du im Download-Bereich zu diesem Buch.

Mit einem einmaligen Festhalten des Workshop- beziehungsweise Meeting-Ziels ist es allerdings noch nicht getan. Jetzt gilt es konsequent dran zu bleiben und das Gesamtziel auf die einzelnen Schritte herunterzubrechen. Wenn sich die Zielfokussierung in jeder einzelnen Moderationssequenz fortsetzt, hast du eine entscheidende Weiche gestellt, um am Ende dein Gesamtziel auch tatsächlich zu erreichen. Deshalb steht über jedem Moderationsschritt auch die Frage: Wie lautet das konkrete Ziel dieser Moderationssequenz?

Hast du dein Teilziel definiert und sichergestellt, dass es auch ganz im Sinne des Gesamtziels ist, schließen sich die folgenden beiden Punkte an:

- Mit welcher Fragestellung möchtest du dieses Ziel erreichen?
- Wie inspirierst du hierbei deine Teilnehmenden methodisch?

Die konkrete Fragestellung gibt den gedanklichen Weg vor, auf den sich die Teilnehmenden begeben. Und die methodische Inspiration sagt aus, mit welchen Inspirationsansätzen du deine Teilnehmenden hierbei unterstützen möchtest. Manchmal sind diese beiden Kategorien direkt miteinander verknüpft. Denn immer, wenn es darum geht, die Teilnehmenden durch einen gedanklichen Perspektivwechsel zu inspirieren, schlägt sich dies automatisch in der Formulierung der Frage nieder.

Hier ein Beispiel: Wenn es das Ziel einer Moderationssequenz wäre, die Mitarbeitenden einer Bank für die Service-Bedürfnisse der Kundinnen und Kunden zu sensibilisieren, könnte dies mit folgender Fragestellung erreicht werden: »Angenommen ihr wärt selbst Kundin oder Kunde unserer Bank. Welche Serviceleistungen wären euch besonders wichtig?« Die Inspiration beim Beantworten der Frage wäre hier der gedankliche Perspektivwechsel. Aus dem Tunnel »was können wir denn noch tun?« inspiriert der Blick durch die Brille der Kundinnen und Kunden zu neuem Denken und anderen Lösungen.

Und es gibt darüber hinaus noch weitere Möglichkeiten, die Teilnehmenden aus eingefahrenen Bahnen zu locken. Sei es durch räumlichen Perspektivwechsel, dem Kreativitätsbooster Bewegung oder der Zuhilfenahme des Zufalls, um nur einige zu nennen. Im Kapitel 5 findest du jede Menge Anregungen. Und diese sind auch wichtig, wenn der Ruf nach neuen Ideen und innovativen Lösungen laut wird. Denn durch immer gleiches Tun und Denken wird sicherlich keine zündende Idee entstehen.

Doch Achtung: Die methodische Inspiration ist kein Selbstzweck. Schließlich sind wir weder Beschäftigungstherapeuten noch Entertainer! Wir haben schlicht und ergreifend die Aufgabe, unsere Teilnehmenden auf dem Weg zu ihrem Ziel unterstützend zu begleiten. Und wenn es die Aufgabe ist, neue, innovative Ideen sprudeln zu lassen, dann schauen wir, mit welchem Ansatz uns das richtig gut gelingen könnte.

Erst wenn diese drei zentralen Kategorien befüllt sind, geht es um die weiteren Spalten. Die ersten beiden Spalten Uhrzeit und Dauer geben einen Überblick über den zeitlichen Rahmen jeder einzelnen Moderationssequenz. In der Rubrik Thema werden die Überbegriffe der einzelnen Moderationssequenzen genannt.

Es ist gut, sich im Moderationsplan auch mit den für die jeweiligen Methoden benötigten Materialien zu beschäftigen. Dann ist man nicht nur insgesamt gut vorbereitet, sondern hat vor jedem Schritt genau vor Augen, was im Einzelnen benötigt wird. Zumindest, wenn es nach Plan läuft. Moderationsmaterialien sollten nicht unterschätzt werden. Im Vergleich zum reinen Gespräch, bieten sie die Möglichkeit, Dinge sichtbar zu machen und festzuhalten. Das unterstützt während des Arbeitens und auch im Nachhinein.

In der Wer-Spalte finden sich immer die Personen, die gerade sprichwörtlich am Zug sind. Da steht dann bei der Begrüßung durch den Vorgesetzten dessen Name und bei meiner Begrüßung eben meiner. Arbeiten die Teilnehmer in Kleingruppen findet sich hier die Anzahl und Größe der Gruppen. Besonders wichtig wird diese Spalte, wenn gemeinsam moderiert wird. Dann haben alle im Blick, wann sie am Zug sind.

Natürlich kommt es häufig anders als man denkt. Und auch ich habe so manchen Moderationsplan schon kurzfristig geändert und situativ angepasst. Das heißt aber nicht, dass die Vorbereitung umsonst gewesen wäre. Durch die Auseinandersetzung im Vorfeld kann ich neue Situationen besser einschätzen und schnell in die Struktur einarbeiten.

4.5 Erfolgsfaktor Meeting-Raum

»If your space defines your creativity, you better define your space.«

Annie Kerguenne, Leiterin Trainingsprogramme HPI Academy

Das Thema »Raum« hat in vielen Unternehmen in jüngerer Zeit eine völlig neue Bedeutung erhalten. Immer häufiger entstehen speziell konzipierte Kreativräume, einladende Gemeinschaftsbereiche und separierte Ruhezonen. In Zeiten, in denen das Homeoffice für viele aus dem Alltag gar nicht mehr wegzudenken ist, erhält das Büro im Gegenzug ebenfalls eine ganz neue Aufmerksamkeit: Wenn die Mitarbeitenden sich dazu entscheiden, den Weg auf sich zu nehmen und statt der zehn Schritte zum eigenen Schreibtisch jede Menge Zeit in Bus, Bahn oder Auto in Kauf nehmen, dann darf sich das auch lohnen! Es soll genau das gegeben sein, was in der Stille zu Hause mitunter schmerzhaft fehlt: Der unterstützende Rahmen für den gezielten persönlichen Austausch mit Kolleginnen und Kollegen und die ungeplanten Zufallsbegegnungen, aus denen so viel erwachsen kann.

Räume haben zweifelsfrei eine nicht zu unterschätzende Wirkung auf das, was darin passiert. Und doch sind sie noch lange nicht die alleinigen Heilsbringer! »Ein Raum ist ein Kommunikationswerkzeug, aber statt zu fragen ›Wie sollte das Büro aussehen?‹ oder ›Welche Möbel sollten für agiles Arbeiten zum Einsatz kommen?‹, sollten wir uns mehr darauf konzentrieren, zunächst die Frage zu beantworten, wie wir miteinander arbeiten wollen.« (Allmers, Trautmann, Magnussen 2022: 217)

Und das gilt für jedes Meeting und jeden Workshop in gleichem Maße. Du solltest also bei der Planung deiner Moderationen dem Faktor »Raum« bewusst Aufmerksamkeit schenken. Dabei ist es gar nicht entscheidend, ob du in deinem Umfeld auf top moderne Idealvoraussetzungen zurückgreifen kannst. Es geht vielmehr darum, zu schauen, wie du das räumliche Setting so nutzen und gestalten kannst, dass es zu deiner Moderationskonzeption passt und dass es deine Teilnehmenden bestmöglich unterstützt.

Wie du bei den nachfolgenden Inspirationsquellen, Tools und Formaten siehst, ist es vielfach ein gedanklicher Perspektivwechsel, der die Gedanken in andere Bahnen lenken soll. Hier unterstützt ein physischer Perspektivwechsel durch die Nutzung eines anderen Raumes natürlich noch zusätzlich. Gerade wenn sich das Meeting von deinen Regelmeetings unterscheiden soll oder wenn du bei einem Tagesworkshop auf das geballte kreative Potenzial deiner Teilnehmenden zurückgreifen möchtest, macht es Sinn auch dem Faktor Raum eine entsprechende Bedeutung beizumessen:

Möglichkeiten gibt es wie Sand am Meer – und sie müssen nicht per se teuer sein:

- Nutze im Unternehmen nicht den eigenen Meetingraum, sondern reserviere dir einen Raum in einem anderen Stockwerk, mit einem anderen Ausblick – dafür darf das Team, dem der Raum »eigentlich« zusteht auch mal bei euch tagen.
- Rund um's Gebäude gibt's bestimmt einen ansprechenden Meeting-Platz im Freien.
- Nutzt die Cafeteria oder Kantine am Nachmittag.
- Ihr habt Produktion bei euch? Super! Bestimmt gibt's auch hier einen inspirierenden Ort für ein Meeting, das euch ganz neue Perspektiven eröffnet.
- Auf in die Natur! Beim Laufen aktiviert ihr euren Kreativitäts-Booster und auf der sonnigen Lichtung, am Grillplatz oder auf Baumstümpfen könnt ihr eure gesammelten Gedanken miteinander teilen.
- Es muss für Teamtage nicht automatisch das exklusive Tagungshotel sein! Auf dem Bauernhof, im Kloster oder auf der Alm erhält euer Team-Workshop einen komplett neuen Rahmen.
- Oder du mietest einen Raum in einem Coworking space.

Um das passende Setting zu gestalten, ist es hilfreich, hierzu die bevorstehende Moderationssituation aus unterschiedlichen Perspektiven zu betrachten:

- Welches sind die Rahmenbedingungen und welchen Spielraum lassen sie mir?
- Welches Setting unterstützt das Ziel meiner Moderation – heruntergebrochen auf die einzelnen Schritte der Moderationskonzeption?
- In welchem Setting fühlen sich die Teilnehmenden wohl?
- Gibt es technische Voraussetzungen, die zu berücksichtigen sind?

Ein großes Manko ist häufig der Zustand der Räume. Bei Meetings und Workshops, die intern im Unternehmen stattfinden, ist der Zustand der Räume leider nicht immer so, dass man ihn objektiv als »für das Meeting förderlich« bewerten würde. Natürlich kannst du hier weder das Mobiliar austauschen noch die Wände streichen. Aber das heißt noch lange nicht, dass gar nichts möglich ist!

Das Problem ist ja, dass sich alle schon an den Zustand gewöhnt haben. Auch hier hilft ein Perspektivwechsel: Angenommen du wärst neu im Unternehmen und würdest diesen Raum zum ersten Mal betreten:

- Würdest du dich wohlfühlen?
- Welchen Eindruck machen Whiteboard oder Flipchart?
- Sind hier noch die Notizen der letzten Besprechung zu sehen?
- Oder ist möglicherweise gar kein Papier auf dem Flipchartständer?
- Sind überhaupt Stifte da und wenn ja – schreiben sie auch?
- Passt die Bestuhlung zur Gruppengröße oder kann man durch wenige Handgriffe das Setting verändern?

Ob großer Workshop oder kleines Meeting: Das Ergebnis steht und fällt mit dem, was die Teilnehmenden dazu beitragen. Wenn sie sich im Raum wohlfühlen und das gewählte Setting deine Konzeption gut unterstützt, kann es doch direkt losgehen!

Lust auf weitere spannende Infos rund um die Raumgestaltung? Dann empfehle ich dir einen Blick in das zusätzliche Download-Angebot zum Buch! Hier teilt der Design-Thinking Experte und Autor Jens Otto Lange seine Anforderung an ideale Meeting-Räume für innovatives Arbeiten.

5.
Hier bewegt sich was – Inspirierende Ansätze bringen Schwung in Präsenz-Moderationen

5.1 Auf zu neuen Ideen – gemeinsam klappt's

Kokreation ist nichts für Egoisten! So impliziert es bereits der Name. Was bei der inneren Einstellung beginnen muss, ist auch Grundlage der methodischen Umsetzung. Gerade wenn es um das Kreieren neuer Lösungsansätze geht, gilt immer das Motto: »Idee vor Ego«. Denn neue, überraschende Ideen entstehen ja gerade dadurch, dass Gedanken unzensiert geteilt werden und an diesen frisch und frei weitergesponnen werden darf. Und nein – es darf mich nicht frustrieren, wenn mein erster Aufschlag nicht eins zu eins in die Umsetzung geht. Es ist vielmehr total wertvoll, wenn aus einer Fülle spleeniger Gedanken am Ende eine richtig geniale Lösung entstehen kann. Und das völlig egal, wer den Anfang gemacht hat.

The best way to have a good idea is to have lots of ideas.

Linus Carl Pauling, Nobelpreisträger

Auf dem Weg zu neuen Ideen und innovativen Lösungen steht in der Startphase die Quantität immer über der Qualität. Hier geht es um Ideen wie Sand am Meer und nicht um die Nadel im Heuhaufen. Denn wenn unser Augenmerk zu früh auf Qualität und Umsetzbarkeit liegt, wird's detailfokussiert und perfektionistisch. Dann werden die wilden Ideen nicht einfach rausgehauen, sondern laufen in unserem Kopf stattdessen unzählige kritische Checks und gedankliche Schleifen ab. Und das erstickt dann jeden kreativen Höhenflug im Keim. Also: setze die rosarote Brille auf und los geht's! Auf der Suche nach zündenden Ideen ist Kritik ein ganz schlechter Ratgeber.

Um das Team immer auf der passenden Flughöhe zu halten, ist es entscheidend, dass alle Teilnehmenden zu jeder Zeit genau wissen, wo sie gerade unterwegs sind und was genau von ihnen gefordert wird. Und da ist er schon wieder: der erfolgsentscheidende Ruf nach Transparenz. Aber so läuft es halt. Wenn mir Ziel und Rahmenbedingungen klar sind, kann ich loslaufen. Oder losspinnen.

Besonders vielversprechend sind die Ideen-Berge übrigens, wenn sich die Quantität nicht aus vielen ähnlichen Ansätzen speist, sondern dieser eine vielfältige Bandbreite unterschiedlicher Denkrichtungen zugrunde liegt. Das erreiche ich einerseits durch eine heterogene Gruppenzusammensetzung und andererseits durch inspirierende Gedanken-Anstöße.

5.2 Öfter mal die Richtung wechseln

Die Definition von Wahnsinn ist, immer wieder das Gleiche zu tun und andere Ergebnisse zu erwarten.

Albert Einstein (1879–1955), Physiker und
einer der bekanntesten Wissenschaftler der Neuzeit

Im Daily Business ist es unverzichtbar, immer wieder auf Bewährtes zu vertrauen, sich Routinen zu erschaffen und wiederkehrende Aufgaben sprichwörtlich im Schlaf zu bewältigen. Das gibt uns Sicherheit, spart Zeit und lässt uns Raum, unser kreatives Potenzial den Themen zu widmen, die geradezu nach neuen Ideen lechzen. Diese gilt es allerdings, erst einmal zu erkennen! Tatsächlich ist der erste Impuls, wenn etwas einmal nicht so gut funktioniert hat, mit doppelter Kraft aufs selbe Pferd zu setzen. Das kann an der einen oder anderen Stelle sogar Sinn machen. Muss es aber nicht. Manchmal würde es sich lohnen, viel früher in eine andere Richtung zu denken. Ich sage nur: Einstein ...

Nun ist das Andersdenken zugegebenermaßen leichter gesagt als getan. Und wenn du sicher gehen willst, dass sich deine Teilnehmenden so richtig schwer damit tun, dann feuere sie am besten mit einem motivierenden »Jetzt seid halt mal kreativ!« an.

Den Voraussetzungen, um freies, neues und kreatives Denken zu ermöglichen, haben wir uns in Kapitel 2 gewidmet. Mit einer offenen, interessierten und menschenfreundlichen Haltung, gepaart mit einer von psychologischer

Sicherheit geprägten Kultur, ist der perfekte Boden für bunt sprießende Ideen bereitet! Soweit, so gut. Jetzt brauchen sie nur noch ihre Köpfchen aus der Erde zu strecken. Aber das wird von allein selten passieren. Zu selten.

Ohne die Basis für Kreativität wird diese nie Erblühen – um bei der Garten-Metapher zu bleiben. Und doch macht allein ein guter Boden auch noch keinen bunten Garten. Was es jetzt braucht, sind konkrete Ansätze, um vermeintlich bewährte Pfade zu verlassen, Gedanken in eine neue Richtung zu schubsen und mächtig Farbe ins Spiel zu bringen.

Das ist der Punkt, an dem der Ruf nach inspirierenden Tools laut wird. Zu Recht. Schließlich sind es inspirierende und durchdachte Methoden, die uns wirkungsvoll dabei unterstützen, unsere gelernten Gedanken anzustupsen, überraschende Wege zu beschreiten und am Ende des Tages neue und innovative Lösungen zu generieren.

Allerdings verbirgt sich hinter jeder Methode weitaus mehr als ein definierter Ablauf. Und so verschenken wir wertvolles Potenzial, wenn wir uns hier ausschließlich auf die beschriebenen Tools mit offiziellem Namen und festgelegter Vorgehensweise fokussieren. Wenn wir vielmehr die Inspirations-Ansätze hinter den konkreten Methoden kennen, haben wir – über die Anwendung der Methoden hinaus – eine Fülle an Möglichkeiten, diese Ansätze im kleineren und größeren Stil in unsere Workshop- und Meeting-Gestaltung genau wie in unsere individuelle Arbeit einzubinden.

Auf den folgenden Seiten findest du jede Menge Inspirationsansätze und dazu passende Tools für Meetings und Workshops. Ich wünsche dir viel Spaß beim Entdecken und Ausprobieren. Und immer dran denken: Albert Einstein sollte stolz auf dich sein!

5.3 Inspirationsansatz Bewegung

Eins gleich vorneweg: ich bin keine Sportskanone. Einerseits liebe ich es, draußen zu sein, mir den Wind um die Nase blasen zu lassen und auch größere Strecken zu Fuß zurückzulegen und andererseits kann ich es auch total genießen, faul und entspannt auf dem Sofa zu liegen! Soll heißen – mein Antrieb, das Thema »Bewegung« in den Moderationskontext zu tragen, kommt aus keinem sportlichen Selbstverständnis. Auch ist der Gesundheitsaspekt natürlich immer von zentraler Bedeutung – aber nicht mein thematischer Anknüpfungspunkt, wenn es um Meetings und Workshops geht.

Sensibilisiert für die Bedeutung von Bewegung in meinem eigenen beruflichen Kontext wurde ich erstmals durch einen Artikel in der Frankfurter Allgemeinen Sonntagszeitung im Sommer 2018. Hier wurde der Zusammenhang körperlicher Aktivität mit der Leistung unseres Gehirns in Verbindung gebracht und von Autorin Monika Herbst am Beispiel der »Walking Meetings« ausgeführt. Diese Konferenzen im Gehen sind nicht zuletzt durch prominente Befürworter wie Steve Jobs, Mark Zuckerberg und Barack Obama bekannt geworden. Richtig getriggert hat mich das Thema dann einige Zeit später bei einem Vortrag von Sportwissenschaftler und Hirnforscher Dr. Frieder Beck, den ich daraufhin direkt als Referenten in mein Institut eingeladen hatte.

Exkurs: Denkturbo Bewegung. Das sagt die Forschung

Sich zu konzentrieren und zu fokussieren, Informationen kurzfristig zu speichern, um diese umzusetzen und daran weiterzuarbeiten, das eigene Verhalten situationsgerecht im Griff zu haben – all das sind Gehirnleistungen, die in Meetings und Workshop gefragt sind. Organisiert werden diese mentalen Vorgänge in unserem Gehirn überwiegend vom Stirnhirn. Sie werden in der Neuropsychologie mit dem Begriff der exekutiven Funktionen erfasst. Eine interessante Erkenntnis: »Die exekutiven Funktionen verhalten sich weit weniger statisch als der Intelligenzquotient. Sie sind trainierbar.« (Beck 2021: 28). Sich körperlich zu betätigen, führt kurzfristig und langfristig zu einer Steigerung dieser exekutiven Funktionen.

Schon allein diese Erkenntnis kann jede und jeden von uns persönlich inspirieren, selbst etwas dafür zu tun, die eigenen mentalen Vorgänge durch Bewegung aktiv zu trainieren. Doch das nur am Rande. Die entscheidende Frage für uns in der Rolle der Moderierenden ist doch vielmehr die, ob wir für unser konkretes Setting hieraus Lehren ziehen können oder nicht. Und die gute Nachricht ist eindeutig: Ja!

Um diese Erkenntnis zu untermauern, zitiert Dr. Frieder Beck in seinem Buch unter anderem eine Studie des Max Planck-Instituts für Kognitions- und Neurowissenschaften in Leipzig, bei der Probanden zum Vokabellernen in drei Vergleichsgruppen eingeteilt wurden (Beck 2021: 34). Eine Gruppe durfte während der halbstündigen Einheit relaxen, die zweite radelte vor der Lerneinheit dreißig Minuten auf dem Hometrainer und die dritte radelte während der dreißigminütigen Lerneinheit auf dem Hometrainer. Am Ende waren beide Bewegungsgruppen besser als die Relax-Gruppe. Die Probanden, die während der Bewegung die Lerneinheit absolvierten, schnitten am besten ab. Eine Folgestudie mit einem Laufbandergometer erzielte die gleichen Ergebnisse.

© Fotodesign Geier

Meine Frage an Dr. Frieder Beck:

»Lieber Frieder,
du hast mich ziemlich geflasht mit deinen Erkenntnissen! Nun habe ich verstanden, dass eine Bewegungseinheit vor oder während des geistigen Arbeitens, eine spürbar positive Wirkung auf unsere exekutiven Gehirnfunktionen hat. Doch wie lange hält dieser Effekt an? Wenn wir nun an einen klassischen Workshop-Tag denken, der von 9:00 Uhr bis 17:00 Uhr dauert. Wie oft sollte ich hier im Idealfall eine Bewegungseinheit integrieren und wie lange sollte diese andauern?«

Und das hat Dr. Frieder Beck darauf geantwortet: *»Nach heutigem Kenntnisstand führen Biegespannungen der Knochen und muskuläre Aktivität dazu, dass sogenannte Wachstumsfaktoren und Signalstoffe im Körper ausgeschüttet werden. Diese wirken im Gehirn wie Dünger. Es entstehen langfristig neue Synapsen und die Nervenzellen werden gestärkt. Gleichzeitig melden diese Stoffe, dass der Mensch gerade unterwegs beim Jagen und Sammeln ist und jetzt seine maximale geistige Leistung zur Verfügung benötigt. Nur diejenigen Menschen zählen zu unseren Vorfahren, die beim Sammeln und Jagen in der damals sehr gefährlichen Umwelt sich Rückwege und Sammelstellen merken konnten, die in überraschenden Situationen strategisch schlagfertig waren und sich mit anderen gut abstimmen konnten. Alle anderen wurden Beute. Bewegen wir uns, aktivieren wir ein Urzeitsignal, welches unsere geistigen Leistungen, diese exekutiven Funktionen, hochfährt. Beim Jagen und Sammeln gab es für unsere Vorfahren sicherlich immer wieder längere Pausen körperlicher Aktivität. Beim Warten auf Beute oder dem von Feinden möglichst unbemerkten Pflücken von Beeren in der Wildnis durfte die geistige Leistung nicht sofort abfallen. Diese Annahmen decken sich mit Ergebnissen von Laborstudien, welche zeigen, dass die Effekte von körperlicher Aktivität auf die exekutiven Funktionen etwa bis knapp über eine halbe Stunde nach dem Bewegungsende anhalten. Studien zur seelischen Gesundheit verweisen darauf, dass sich, wenn der Mensch zur Bewegungspause hinaus in die Natur geht, also den Urmenschen anspricht, die Zeitspanne gesteigerter geistiger Leistungen nach Bewegungsende verlängert. Aus dieser Perspektive empfehle ich, mehrere kleine Einheiten körperlicher Aktivität einzuplanen, zur Bewegung kurz zum »Sammeln und Jagen« zu gehen, also gemeinsam in der Natur ein offenes Bewegungsthema anzugehen, wie beispielsweise Spazieren, ein lustiges Bewegungsspielchen oder Tanzen – ohne Vor- und Nachmachrituale, um die ›Urzeitsituation‹ zu erhalten.«*

Bewegung ist also eindeutig ein Stellhebel, um – auch just in time – die kognitive Leistung sprichwörtlich in Bewegung zu bringen.

Hast du nicht auch schon selbst die Erfahrung gemacht, dass dich ein Spaziergang an der frischen Luft auf neue Ideen gebracht und sich eine bis dato verzwickt erschienene Situation auf einmal in einem neuen Licht gezeigt hat? Also mir ging es schon öfter so! Und sogar mein Weiterbildungsinstitut, die Akademie für Systemische Moderation ist beim Bergwandern entstanden.

Ist es tatsächlich so einfach? Es stellt sich schon die Frage, warum so vermeintlich einfache Lösungen nicht viel häufiger genutzt werden. Oder ist es möglicherweise gerade die Einfachheit, die zur Folge hat, dass sie nicht ernst und wichtig genommen werden? Vielleicht helfen ja gerade dann neurowissenschaftliche Fakten und prominente Namen wie Jobs, Zuckerberg und Obama als Anreiz, es einfach einmal auszuprobieren.

Raus aus dem Konferenzraum – rein ins Vergnügen mit Tools to go! Ein Spaziergang lässt sich in viele Methoden integrieren. Wichtig ist hierbei, dass es Sinn macht! Konkret: Je mehr hierbei aufgeschrieben werden soll, desto besser ist die praktische Umsetzung zu durchdenken. Ich arbeite bei den Materialien bevorzugt mit Haftzetteln. Die lassen sich im Block super gut mit nach draußen nehmen. Bei den klassischen Moderationskärtchen wird's schwieriger. Nicht geeignet sind Settings, die den Blick auf den Rechner erfordern.

Aus eigener Erfahrung weiß ich, dass ich mit den richtigen Schuhen bis ans sprichwörtliche Ende der Welt laufen kann – und mit den falschen gerade mal bis zur Kantine. Wenn überhaupt. Deshalb empfehle ich, bewegte Einheiten im Vorfeld anzukündigen. Dann können sich alle perfekt darauf einstimmen. Idealerweise lässt du die Teilnehmenden – je nach Aufgabe – alleine oder in Teams mit zwei bis maximal drei Personen laufen. Wichtig ist, dass du die Zeit gut kommunizierst – sonst hast du schnell das Nachsehen.

Tools

Think-Pair-Share on walk, Kapitel 6.1
Ideen-Walk »Ja-genau-und«, Kapitel 6.3
Raus in die Natur mit Inspirationsfragen, Kapitel 6.10

5.4 Inspirationsansatz persönliches Schatzkästchen

Sich selbst genug sein. Stille wirken lassen. Nicht sofort liefern müssen. Wenn wir uns ein wenig Zeit und Ruhe gönnen, entdecken wir Ideen und Erfahrungen, die in uns schlummern – uns jedoch nicht sofort präsent sind und auf Kommando über die Lippen kommen. Es wäre doch schade, diese individuellen Schatzkästchen unserer Teilnehmenden ungenutzt zu lassen, wenn wir uns in Workshops und Meetings gemeinsam auf den Weg zu neuen Lösungsansätzen machen. Aus diesem Grund flechte ich in meine eigenen Moderationen immer wieder Phasen ein, in denen sich die Teilnehmenden einer Fragestellung alleine widmen. Für introvertierte Teilnehmende bieten stille Arbeitsphasen überdies die Chance, sich mit den eher extrovertierten Kolleginnen und Kollegen auf einen gemeinsamen Startblock zu stellen. Denn in einer Runde mit der Spezies: »Klar habe ich etwas zu sagen – und während ich spreche, wird mir schon auch einfallen, was ...« haben es zurückhaltende Teilnehmende naturgemäß schwerer. Diese Herausforderung wird durch eine stille Vorarbeit direkt aufgehoben. Das macht's auch der Moderatorin und dem Moderator einfacher.

Solch eine vorbereitende Einstiegsphase lässt sich schnell und unkompliziert gleich im nächsten Meeting ausprobieren. Statt direkt eine offene Frage in die Runde zu geben, stelle einfach die Fragestellung des nächsten Agenda-Punktes vor – und bitte die Teilnehmenden, sich für zwei Minuten selbst damit auseinanderzusetzen und die Antworten entsprechend auf einen Notizblock zu notieren.

Stille Phasen lassen sich super mit anderen Inspirationsquellen verknüpfen! So wird das kreative Potenzial während der Einzelarbeit noch mehr entfacht, wenn es mit Bewegung verbunden wird. Oder du nutzt die Einzelarbeit als Start, um mit den Ergebnissen dann direkt in eine Weiterbearbeitung in Kleingruppen oder ins Plenum zu gehen. Hierfür stehen dir dann aufs Neue eine ganze Reihe weiterer Inspirationsquellen zur Verfügung. Schau einfach was Sinn ergibt und zu deiner Gruppe passt.

Tools
Think-Pair-Share on walk, Kapitel 6.1
Einstiegsübung »Das hätte ich nie zu träumen gewagt«, Kapitel 6.6
In der Stille inspiriert, Kapitel 6.12
Erfolgsstorys lassen Kompetenzen sichtbar werden, Kapitel 9.7

5.5 Inspirationsansatz Ideen weiterbauen

Auf Ideen anderer aufzubauen ist der Inspirationsansatz, der bekannten Kreativitätstechniken wie beispielsweise dem Brainstorming und Brainwriting zugrunde liegt. Ideen werden mündlich oder schriftlich »gesprudelt« und warten nur darauf, weitergesponnen und neugedacht zu werden. Die wichtigsten Voraussetzungen, damit diese Techniken funktionieren, sind die bereits in Kapitel 5.1 thematisierten Grundsätze:

»Idee vor Ego«
»Masse statt Klasse«
»Keine Chance der Kritik«

Auch hier gibt es unzählige methodische Ausprägungsvarianten und Kombinationsmöglichkeiten mit anderen Inspirationsquellen. Das hat den großen Vorteil, dass die Teilnehmenden während eines Workshops oder Meetings immer wieder neue und andere Inspirationseinladungen erhalten und so auch Aufmerksamkeit und Energielevel hoch bleiben.

Doch Vorsicht: Auch die besten Inspirationsansätze mitsamt den darauf aufbauenden Methoden ergeben nur Sinn, wenn sie Sinn ergeben. Das heißt: Sie müssen zur Gruppe passen, sie müssen zu uns passen und sie müssen dazu dienen, die Gruppe bei der Erreichung ihres Workshop- oder Meeting-Ziels zu unterstützen.

Tools
Ideen-Walk »Ja-genau-und«, Kapitel 6.3
Charakter-Ideen-Walk, Kapitel 6.5
Dynamische Eckgespräche, Kapitel 6.11
Ideen wie Sand am Meer mit der 6-3-5-Methode, Kapitel 9.5
Inspirations-Frühstück, Kapitel 10.2

5.6 Inspirationsansatz räumlicher Perspektivwechsel

Wenn sich ein Team auf den Weg macht, neue, innovative Lösungen zu entwickeln, tut es sich beim Verlassen der gewohnten Denkmuster leichter, wenn damit ein räumlicher Perspektivwechsel einhergeht. Die Veränderung des gewohnten Besprechungs-Settings kann also durchaus die Gedanken beflügeln.

Das gilt natürlich zum einen für den Meeting-Raum selbst. Hast du also fernab des gewohnten Settings vor, beispielsweise nicht inhaltlich zu arbeiten, sondern das Wie der Zusammenarbeit in den Mittelpunkt zu stellen, dann hilft es, hierfür auch einen anderen Raum zu nutzen.

Im Kontext der Inspirationsquelle während des Meetings oder Workshops ist aber gemeint, für bestimmte Aufgaben und Fragestellungen, bewusst aus der bekannten Meeting-Formation auszubrechen und einmal im Stehen, an der Fensterfront oder beim Spaziergang in der Natur zu arbeiten.

Bewusst kann dies beispielsweise eingesetzt werden, wenn in aufeinander folgenden Arbeitsschritten unterschiedliche Perspektiven eingenommen werden sollen. Da hilft der räumliche Perspektivwechsel, auch gedanklich eine neue Rolle einzunehmen.

Tools
Think-Pair-Share on walk, Kapitel 6.1
Ideen-Walk »Ja-genau-und«, Kapitel 6.3
Der Zufall im Raum mit der Reizwortanalyse, Kapitel 6.4
Charakter-Ideen-Walk, Kapitel 6.5
Walt-Disney intense, Kapitel 6.8
Raus in die Natur mit Inspirationsfragen, Kapitel 6.10
Dynamische Eckgespräche, Kapitel 6.11
Inspirations-Frühstück, Kapitel 10.2
Meeting-Charta mithilfe von Brainstorming paradox erstellen, Kapitel 10.8

5.7 Inspirationsansatz gedanklicher Perspektivwechsel

Man muss vom Weg abkommen, um nicht auf der Strecke zu bleiben.

Hans Zaugg, Architekt

Mit eingefleischtem Tunnelblick wird die Ausbeute außergewöhnlicher Ideen sicherlich überschaubar bleiben. Deshalb ist der gedankliche Perspektivwechsel der Anfang jedes kreativen Prozesses. In der Moderation sind wir deshalb – gerade wenn es um innovative Ansätze geht – in der Verantwortung, unsere Teilnehmenden zum Denken out of the box anzuregen. Besonders gut gelingt das, wenn wir metaphorisch betrachtet eine andere Brille aufsetzen und durch diese auf die Aufgabenstellung blicken. Das ist deshalb so wirkungsvoll, weil wir uns einerseits ganz auf diese Rolle fokussieren können und andererseits auch keine Angst vor dem Scheitern haben müssen. Denn es ist ja nicht unsere ganz persönliche Sichtweise, sondern die einer anderen Person oder einer anderen Rolle, mit der wir uns auseinandersetzen.

In der systemischen Moderation gehört der gedankliche Perspektivwechsel immer dann zum daily business, wenn es sich bei den neu einzunehmenden Perspektiven um die anderer Systembeteiligter handelt. Du erinnerst dich an die Metapher des Mobiles? Sehr gut! Denn dieses gilt es, immer im Hinterkopf zu behalten. Wenn ein Unternehmen beispielsweise an der Entwicklung eines Produktes für Kinder im Grundschulalter arbeitet, dann reicht es nicht, zu überlegen, was denn technisch möglich wäre und was die Entwicklerinnen und Entwickler cool fänden. Für den Erfolg dieses Produktes ist es vielmehr unerlässlich, sich mit Haut und Haaren in die Perspektive der Zielgruppe hineinzuversetzen! Das wären in diesem Beispiel zum einen die Kinder selbst, die möglicherweise einen ganz anderen Maßstab für cool anlegen – und natürlich die Eltern, die es dann am Ende kaufen müssen.

Interessante Sichtweisen bieten uns also die Personengruppen, die während eines Meetings oder Workshops nicht im Raum sind, die aber dennoch eine wichtige Rolle spielen.

Eine weitere Variante, über den eigenen Tellerrand hinauszublicken und neue Perspektiven in den Raum zu holen, bietet dir die Sicht von Personen, die nicht nur nicht im Raum sind, sondern generell gar nichts mit den Themen der Moderation zu tun haben. Die Range kennt hierbei keine Grenzen. Das können Menschen wie du und ich sein oder auch berühmte Persönlichkeiten, die den Teilnehmenden durch ihren jeweiligen Blick eine ganz neue Perspektive ermöglichen.

Damit sind allerdings bei weitem nicht alle Möglichkeiten des gedanklichen Perspektivwechsels ausgeschöpft. Auch das gezielte Einnehmen unterschiedlicher Sichtweisen zählt zum gedanklichen Perspektivwechsel und kann in Moderationen überaus erhellend und kreativitätsfördernd sein. Vielleicht hast du ja schon von der Walt-Disney-Methode, einer bekannten Kreativitätstechnik gehört. Man sagt dem legendären US-amerikanischen Trickfilmzeichner und Filmproduzent nach, dass dieser die zu lösenden Aufgaben immer separiert aus drei Perspektiven betrachtet hat. Der Perspektive des Träumers, des Kritikers und des Realisten. Alle drei Sichtweisen sind für den Erfolg einer neuen Lösung elementar. In der Realität werden kühne Ideen allerdings nicht selten mit gerechtfertigten und ungerechtfertigten Einwänden im Keim erstickt. Freilich sind kritische Einwände wichtig – aber zu entsprechender Zeit und in einer konkreten und konstruktiven Weise. Robert Dilts hat aus der Arbeitsweise von Walt Disney eine Methode entwickelt, die ich dir im Methodenblock – in einer kleinen Abwandlung – vorstellen werde.

> **Tools**
> **Stakeholder-Rondell, Kapitel 6.2**
> **Iterative Maßnahmen-Challenge, Kapitel 6.9**
> **Charakter-Ideen-Walk, Kapitel 6.5**
> **Sprung in die Zukunft, Kapitel 6.7**
> **Walt-Disney intense, Kapitel 6.8**
> **Raus in die Natur mit Inspirationsfragen, Kapitel 6.10**
> **In der Stille inspiriert, Kapitel 6.12**
> **Maßnahmen-Check inspiriert von Walt Disney, Kapitel 9.8**
> **Willkommen an Bord, Kapitel 10.6**
> **Veränderungsreflexion mit der Kraftfeldanalyse, Kapitel 10.7**
> **Meeting-Charta mithilfe von Brainstorming paradox erstellen, Kapitel 10.8**
> **Einführung konstruktiver Feedback-Regeln inspiriert von der gewaltfreien Kommunikation, Kapitel 10.9**

5.8 Inspirationsansatz Zufall

Wenn du mich jetzt gerade sehen könntest: Vor mir mein Laptop und um mich herum jede Menge Klebezettel. Immer, wenn mir etwas einfällt oder ich mich bei der Recherche besonders inspiriert fühle und das Gelesene schnell festhalten möchte, müssen sie herhalten. Gerade übrigens in pink. Sie kleben in Büchern, auf dem Tisch, neben mir auf dem Board. Ich liebe es, mit diesen bunten Notizzetteln zu arbeiten und nutze sie übrigens nicht nur während des Schreibens, sondern auch in Moderationen. Mittlerweile fast ausschließlich. Doch ich möchte mich jetzt nicht in Lobgesängen verlieren. Auf was ich an dieser Stelle hinaus möchte, ist die Tatsache, dass sich nie jemand vorgenommen hat, diese praktischen Klebezettel zu entwickeln! Die ursprüngliche Absicht war es, einen Superkleber auf den Markt zu bringen, der alle bis dato erhältlichen Produkte in den Schatten stellen sollte. Dieses Vorhaben allerdings ist dann doch eher gescheitert. Und es gibt viele weitere Beispiele. Der Weg zu neuen Ideen und innovativen Lösungen geht selten geradeaus. Und manchmal spielt eben auch der Zufall eine gewisse Rolle. Wir können den Zufall aber auch ganz bewusst nutzen, um der Suche nach neuen Lösungsansätzen auf die Sprünge zu helfen. Die Bisoziation, wie die Verknüpfung der eigentlichen Aufgabenstellung mit einem komplett anderen Thema genannt wird, dient uns hierbei als Handwerkszeug. Wir beschäftigen uns zunächst mit einem fachfremden Thema und schauen, welche Erkenntnisse daraus für unsere eigene Aufgabenstellung entstehen. Du kannst beispielsweise mit Gegenständen arbeiten, die sich im Raum befinden. Und auch die Natur bietet eine Fülle von Inspirationen. Wenn sich die zu lösende Aufgabe nicht gerade um Forstwirtschaft dreht, finden deine Teilnehmenden hier jede Menge fachfremdes Inspirationsmaterial. Und gerade weil sie so gar nichts mit der zu lösenden Aufgabe zu tun haben, laden uns zufällige Inspirationen dazu ein, den eigenen Tunnel zu verlassen und aus einer komplett anderen Perspektive auf die zu lösende Aufgabe zu schauen.

Tool: Der Zufall im Raum mit der Reizwortanalyse, Kapitel 6.4

5.9 Inspirationsansatz Bilder und Symbole

Ein Bild sagt mehr als tausend Worte! Bilder können Emotionen ausdrücken, zu Assoziationen anregen, dabei unterstützen, eine Vision zu erarbeiten oder ein Ziel zu konkretisieren, zu neuen Ideen inspirieren und, und, und.

Wenn du eine Auswahl an verschiedenen Bildern siehst, spürst du direkt, welches davon deiner momentanen Gefühlslage entspricht und welches nicht. Dein Bauchgefühl signalisiert dir sofort, ob dieses Motiv deinen erträumten Zielzustand gut zum Ausdruck bringt oder doch mit deiner persönlichen Vorstellung wenig gemein hat. Auch bekommen wir über Bilder einen neuen Zugang zu unseren Ressourcen.

Und schließlich ermöglichen Bilder einen niederschwelligeren Zugang, Emotionen zu artikulieren. Gerade zurückhaltende Teilnehmende tun sich leichter, wenn ein Bild sie dabei unterstützt, Emotionen und Befindlichkeiten zum Ausdruck zu bringen. Die Anwendungsbereiche sind hierbei vielfältig. Bekannt und weit verbreitet ist die Nutzung von Bildern im Rahmen von Kennenlernrunden. Aber auch, wenn es darum geht, die eigene Entwicklung oder die Erwartung an einen Lernschritt zu benennen, Feedback zu geben oder eine Teamleistung zu reflektieren, erweisen uns die visuellen Unterstützer wertvolle Dienste.

Es gibt sehr hochwertige Bildkarten zu kaufen. Wenn du deine Teilnehmenden öfter damit inspirieren möchtest, lohnt sich die Anschaffung.

Und es gibt immer auch eine Lösung, wenn das Budget die Anschaffung gerade nicht ermöglicht. Ich habe mir am Anfang meiner Tätigkeit eine Vielzahl unterschiedlicher Bildmotive zusammengestellt und selbst laminiert. Hierbei gilt e, zu beachten, dass die Auswahl dann auch entsprechend vielfältig ist.

Ich selbst lasse auch gerne Kollagen erarbeiten. Sei es als gemeinsame Aufgabe zum Beispiel im Rahmen einer Visionsarbeit oder als Einzelreflexion. Hierfür braucht es dann auch einen breiten Fundus thematisch passender und gleichzeitig vielfältiger Bildmotive.

Du kannst entweder Bilder aus Zeitschriften oder ausgedruckte Bildmotive verwenden. Denn mit diesen gilt es ja, zu arbeiten und diese dann beispielsweise auf Tonpapier zu kleben und zu einem großen Ganzen zusammenzufügen.

> **Tipp: Bildrechte beachten**
>
> **Achte bei der Arbeit mit Bildern immer auf die Bildrechte! Das Verwenden von fremdem Bildmaterial ohne die entsprechenden Nutzungsrechte zu haben, kann richtig teuer werden.**
>
> **Es gilt also, Bilder einzukaufen oder auf Plattformen für lizenzfreie Bilder wie unter www.pixabay.de zurückzugreifen.**

Neben der Arbeit mit Bildern können auch gegenständliche Symbole deine Moderation bereichern. Dies können zum Moderations-Thema passende Gegenstände sein, die die Teilnehmenden von zu Hause mitbringen, Dinge die du bereitstellst oder auch symbolische Gegenstände aus der Natur, die die Teilnehmenden auf ihrem Inspirationsspaziergang finden.

Tools

Der Zufall im Raum mit der Reizwortanalyse, Kapitel 6.4
Sprung in die Zukunft, Kapitel 6.7
Check-in mit Bild-Analogien, Kapitel 9.2
Check-in mit Song- und Filmtiteln, Kapitel 9.3

6.
Erfrischende Tools für erfolgreiche Präsenzmoderationen

6.1 Think-Pair-Share on walk

Auf den Punkt gebracht | In drei Schritten arbeiten die Teilnehmenden erst in Einzelarbeit, dann zu zweit beim Gehen und teilen dann die Ergebnisse im Plenum.

Hierfür ist die Methode geeignet | Ideen, Aspekte, Lösungsansätze sammeln.

So gehst du vor:

- Visualisiere zunächst die Fragestellung.
- Die Teilnehmenden schreiben ihre Antworten in Stillarbeit auf Konzeptpapier.
- Teile die Gruppe dann in Zweier-Teams und versorge sie mit Klebezetteln und Marker (bei ungerader Personenzahl gibt es eine Dreiergruppe).
- Die Zweier-Teams gehen für eine vorgegebene Zeit ein paar Schritte und beantworten nun gemeinsam die Fragestellung. Die Antworten werden lesbar auf Klebezettel notiert. Ein Aspekt pro Zettel. Je nach Aufgabenstellung kannst du – wenn es sinnvoll ist – die Anzahl an Antworten begrenzen, zum Beispiel eure Top-Fünf.
- Jedes Tandem präsentiert seine Ergebnisse im Plenum.

Methodische Inspirationsansätze:

- Bewegung,
- Räumlicher Perspektivwechsel,
- Wechsel des Settings Silent Thinking/Teamwork/Plenum.

Was mir richtig gut gefällt:

- Durch die Einzelarbeit zu Beginn haben alle Teilnehmenden die Möglichkeit, ihre persönlichen Anliegen und Ideen zu sammeln.
- Im Zweier-Team erfolgt eine Konsolidierung, sodass mögliche Doppelnennungen wegfallen.
- Bewegung und räumlicher Perspektivwechsel bringen Schwung und Dynamik.

Darauf solltest du achten:

- Mir ist es wichtig, dass zu Beginn noch nicht ins »Reine« geschrieben wird, sondern beispielsweise auf einem Blatt Papier die eigenen Ideen gesammelt werden. Dann kann aus zwei ähnlichen Formulierungen eine neue, gemeinsame gefunden werden.
- Wenn du die bewegte Einheit länger gestalten möchtest, kündige es im Vorfeld an (passendes Schuhwerk).
- Kommuniziere die genaue Uhrzeit, zu der die Teilnehmenden wieder zurück sein sollen.

6.2 Stakeholder-Rondell

Auf den Punkt gebracht | Es werden alle an einem Thema Beteiligten identifiziert. Anschließend wird die Fragestellung aus jeder einzelnen Stakeholder-Perspektive beleuchtet.

Hierfür ist die Methode geeignet | Raus aus dem Tunnel: Generierung neuer Ideen durch die Erweiterung der Perspektive. Antizipieren von Wünschen, Ideen, Vorbehalten von beteiligten Personengruppen, die nicht im Raum sind. Live-Check vor der Umsetzung von Maßnahmen.

So gehst du vor:

- Schreibe die Fragestellung zur Identifizierung der beteiligten Gruppen mittig auf die Präsentationswand. Beispielsweise: »Auf welche Personengruppen hat es Auswirkungen, wenn wir unseren Beratungsstützpunkt jeden Tag eine Stunde länger geöffnet hätten?«
- Lass nun die Teilnehmenden die Personen/Personengruppen, die an diesem Thema beteiligt sind oder auf die es Auswirkungen hat, identifizieren. Dies können beispielsweise Vorgesetzte, Nachbarabteilungen, die Mitarbeitendenvertretung, Partnerunternehmen, Kundinnen und Kunden oder ganz andere Gruppen sein.

- Jede Personengruppe wird nun einzeln auf einen Klebezettel geschrieben. Diese werden um die Fragestellung angeordnet:
- Nun stellst du die Fragestellung vor, die aus den zuvor identifizierten Perspektiven beantwortet werden soll. Idealerweise hast du diese als DIN-A4-Ausdrucke vorbereitet. Da die einzelnen Personengruppen ja erst im Rahmen der Moderation identifiziert werden, lässt du bei der Frageformulierung an der Stelle einen freien Platz, an der die Personengruppe benannt wird. Diese wird nachher handschriftlich eingetragen. Zum Beispiel: »Welche Vorteile hätte es aus der Sicht der Personengruppe ..., wenn wir unseren Beratungsstützpunkt jeden Tag eine Stunde länger geöffnet hätten?«
  »Welche Vorbehalte könnte die Personengruppe ... haben, wenn wir unseren Beratungsstützpunkt jeden Tag eine Stunde länger geöffnet hätten?«
- Nutze nun die Effizienz der parallelen Bearbeitung: Teile die Gesamtgruppe in Kleingruppen und verteile die einzelnen Stakeholder-Perspektiven mitsamt der ausgedruckten Fragestellungen auf die Kleingruppen. Nun wird parallel gearbeitet.
- Es folgt die Präsentation im Plenum, bei der die Ergebnisse zum jeweils dazugehörigen Stakeholder-Klebezettel auf der Präsentationswand geklebt werden.
- Hieraus können nun Handlungsbedarfe abgeleitet werden.

Methodische Inspirationsansätze:
- Gedanklicher Perspektivwechsel,
- Wechsel des Settings Plenum/Teamwork/Plenum.

Was mir richtig gut gefällt:
- Ideenpotenzial wird durch die Betrachtung verschiedener Perspektiven erhöht.
- Erfolgschancen steigen durch die Beachtung der individuellen Perspektiven und Antizipieren von Vorbehalten und negativen Auswirkungen.
- Effizienzgewinn durch parallele Bearbeitung verschiedener Perspektiven.

Darauf solltest du achten:

- Je besser sich die Teilnehmenden in die unterschiedlichen Beteiligten hineinversetzen können, desto wertvoller sind die Ergebnisse. Solltest du hier bei der einen oder anderen Stakeholder-Perspektive Bedenken haben, schiebe einen Zwischenschritt ein und lass zunächst die Perspektive näher beschreiben: »Welches sind die Aufgaben und Anliegen dieser Gruppe? Was ist ihnen bei ihrer Arbeit besonders wichtig? Wofür ist ihnen das wichtig?«
- Das Stakeholder-Rondell sollte nach der Präsentation einen umfassenden Gesamteindruck vermitteln und gleichzeitig übersichtlich sein, damit mit den identifizierten Punkten weitergearbeitet werden kann. Ausreichend Platz an den Wänden ist hier sehr hilfreich.

6.3 Ideen-Walk »Ja-genau-und«

Auf den Punkt gebracht | Die Teilnehmenden gehen in Zweier-Teams und entwickeln nach dem Ping-Pong-Prinzip die Ideen der anderen weiter, indem sie mit »Ja, genau und« antworten und die eigene Idee draufsetzen.

Hierfür ist die Methode geeignet | In der Anfangsphase eines kreativen Prozesses, um möglichst viele außergewöhnliche Ideen zu sammeln.

So gehst du vor:

- Schreibe die Fragestellung auf Flipchart oder Ähnliches und moderiere die Aufgabenstellung an. Hierbei ist zu betonen, dass die Teilnehmenden a) völlig frei und ohne die sprichwörtlichen Scheren im Kopf denken und b) immer mit »Ja, genau und« auf die Ideen der Partnerin und des Partners antworten und das Gehörte mit ihren eigenen Ideen weiterentwickeln sollen.
- Die Teilnehmenden werden in Zweier-Gruppen geteilt und erhalten Haftnotizblöcke und Stifte (bei ungerader Personenzahl gibt es eine Dreiergruppe).

- Die Tandems beginnen ihren Walk und fangen an, Ideen zu bauen. Person A beginnt und teilt frei und aus dem Bauch heraus die erste Antwort, die ihr zu der gestellten Frage einfällt. Person B erwidert: »Ja, genau und ... « und entwickelt die gehörte Idee weiter. Das geht so lange, bis eine Person das Gefühl hat, dass diese Idee genau in diesem Entwicklungsstadium »mitgenommen« werden kann und sagt: »SAVE«. Die Idee wird auf dem Haftnotizblock festgehalten. Und weiter geht es mit der nächsten Idee. Diese wird ebenfalls so lange mit »Ja, genau und ... « weitergebaut, bis eine Person diesen Schritt mit »SAVE« beendet und die Idee festhält. Falls die Idee für die zweite Person an der Stelle noch nicht »reif« ist, wird sie dennoch festgehalten – die »Ja, genau und ... « Entwicklung geht aber weiter.
- Wenn die vorgegebene Zeit vorüber ist, kommen die Tandems mit ihren Ideen ins Plenum zurück. Die Ideen werden vorgestellt und beispielsweise anhand des Modells NOW! WOW! HOW! CIAO! oder des Ideentrichters bewertet und anschließend weiterbearbeitet.

Methodische Inspirationsansätze:

- Auf den Ideen anderer aufbauen,
- Bewegung,
- räumlicher Perspektivwechsel.

Was mir richtig gut gefällt:

- Ich kenne den auf den Gedanken anderer aufbauenden Dialog mit der Replik »Ja, genau und« aus dem Impro-Theater. Mir gefällt neben dem kreativen Potenzial, das durch das Weiterarbeiten mit Ansätzen, die mir selbst an dieser Stelle möglicherweise nie in den Sinn gekommen wären auch die Haltung: Jeder Beitrag ist es wert, weitergedacht zu werden.
- Durch die vorgegebene Antwort »Ja, genau und« kommt der Dialog und somit auch die Kreativität nicht ins Stocken.
- Die Bewegung bringt zusätzlich Dynamik und Schwung in den Ideen-Entwicklungsprozess.

Darauf solltest du achten:

- Wenn du diese Methode am Anfang eines kreativen Prozesses nutzt, steht die Fülle der Ideen im Vordergrund. Die Teilnehmenden sollten sich also nicht in Details verlieren, sondern die Ideen genau so lange weiterbauen, bis sie interessant und attraktiv – aber noch nicht ausgefeilt und zu Ende gedacht sind.
- Wenn du die bewegte Einheit länger gestalten möchtest, kündige es im Vorfeld an (passendes Schuhwerk).
- Kommuniziere die genaue Uhrzeit zu der die Teilnehmenden wieder zurück sein sollen.

6.4 Der Zufall im Raum mit der Reizwortanalyse

Auf den Punkt gebracht | Durch die Betrachtung mehrerer Gegenstände, die jedem bekannt sind und mit der Themenstellung nichts zu tun haben, entstehen Rückschlüsse und Inspirationen für die eigentliche Fragestellung.

Hierfür ist die Methode geeignet | Lösungsfindung out of the box. Wenn Ideenfindungsprozesse ins Stocken geraten und neue Denkanstöße nötig sind.

So gehst du vor:

- Du betonst in deiner Anmoderation, dass das Team auf dem Weg zur Lösung der eigentlichen Fragestellung nun eine Extraschleife gehen wird, um sich dann mit neuen Inspirationen wieder dem Thema widmen zu können.
- Um die Frage auch gedanklich zurückstellen zu können, unterstützt ein Platzwechsel dabei, sich ganz der neuen Aufgabe zu widmen. Vielleicht ja in der Cafeteria, auf dem Hof, in der Natur oder wenn ihr im Raum bleibt, dann zumindest in einem anderen Setting. Beispielsweise an der Fensterfront im Stehen.

- Nun kommt der Zufall ins Spiel. Und zwar in Form von geläufigen Gegenständen, die mit der eigentlichen Aufgabenstellung rein gar nichts zu tun haben. Ich nutze hierbei meist zwei. Du kannst entweder tatsächliche Gegenstände mitbringen oder auch Abbildungen davon. Idealerweise hast du mehrere Varianten vorbereitet und lässt die Teilnehmenden ziehen. Solltest du den Kaffeeautomaten im Pausenraum, die Topfpflanze vor dem Eingang und das leckere Eis aus der Kühltruhe in der Cafeteria mit eingeplant haben, kannst du die Begriffe zum Ziehen auf Zettel schreiben und die gezogenen Begriffe danach in den Raum holen oder die Gruppe dorthin gehen lassen. Möchtest du die Methode spontan nutzen, kannst du die Teilnehmenden auch fragen, welche Gegenstände sie heute schon in Verwendung gehabt haben. Wichtig ist hierbei, dass die Gegenstände allen bekannt sind, dass sie nichts mit eurem Thema zu tun haben und sich auch deutlich unterscheiden. Kaffeetasse und Kaffeeautomat wäre dann doch zu nahe beieinander.
- Die Aufgabe der Teilnehmenden besteht nun darin, die beiden Gegenstände nacheinander zu analysieren. »Welches sind die besonderen Merkmale und Eigenschaften, welchen Zweck und Nutzen haben sie, wer verwendet sie und in welchen Situationen? Welche Erinnerungen und Emotionen verbinden die Teilnehmenden mit diesen Gegenständen?« Alle Antworten werden notiert. Entweder in die linke Spalte einer zweispaltigen Tabelle oder aber auf Klebezettel.
- Es erfolgt wieder ein Platzwechsel. Die ursprüngliche Fragestellung wird visualisiert. Dann kommt die Übertragung der Ergebnisse auf die ursprüngliche Aufgabenstellung: Welche Ideen für die eigentliche Fragestellung ergeben sich aus den Beschreibungen der beiden Gegenstände? Diese werden notiert. Entweder in die rechte Spalte der Tabelle oder ebenfalls auf Klebezettel.
- Die entstandenen Ideen sind in ihrer Ausprägung gewöhnlich völlig unterschiedlich. Um mit ihnen weiterarbeiten zu können, hilft die Bewertung beispielsweise anhand des Modells NOW! WOW! HOW! CIAO! oder des Ideentrichters.

Methodische Inspirationsansätze:

- Zufall,
- räumlicher Perspektivwechsel,
- Bilder und Symbole.

Anmerkung zur Methode:

- Die Reizwortanalyse (Schlicksupp 1999: 54) ist eine bekannte Kreativitätstechnik, bei der willkürliche Zufallsbegriffe die Gedanken auf die Sprünge helfen.

Was mir richtig gut gefällt:

- Festgefahrene Situationen rauben jede Energie. Mit dieser leichtfüßigen Methode wird es möglich, zu komplett neuen Ideen zu gelangen. Und das ganz bodenständig mit geläufigen Alltagsgegenständen.
- Der räumliche Perspektivwechsel unterstützt immer dabei, aus dem Hamsterrad auszubrechen. Gerade wenn die Teilnehmenden gefordert sind, ihr eigentliches Thema temporär komplett zur Seite zu legen, hilft eine Veränderung im Außen dabei, sich auch tatsächlich auf die neue Aufgabe zu fokussieren.

Darauf solltest du achten:

- Es braucht eine gute Anmoderation und Abholung der Teilnehmenden, da man doch einige Zeit mit Themen beschäftigt ist, die so gar nichts mit der eigentlichen Fragestellung zu tun haben. Deine Teilnehmenden brauchen die Zuversicht, dass dieser Weg Sinn macht und sie sich getrost darauf einlassen können.
- Die Beschreibung der Gegenstände liefert nur die Inspiration zu neuen Antworten. Sie können nicht immer eins zu eins übertragen werden. Und sicherlich birgt auch nicht jede Antwort das gleiche Potenzial für eine inspirierende Rückkoppelung in sich. Das ist völlig normal. Deshalb schau wo die Energie hinfließt. Du musst nicht Begriff für Begriff abarbeiten.

6.5 Charakter-Ideen-Walk

Auf den Punkt gebracht | Eine Frage wird aus der Perspektive charakterstarker Persönlichkeiten betrachtet. Die Ideenfindung findet an mehreren Stationen statt. So inspirieren geschriebene Antworten zusätzlich.

Hierfür ist die Methode geeignet | Ideenfindung

So gehst du vor:

- Such dir in der Vorbereitung der Moderation je nach Gruppengröße drei bis vier unterschiedliche prominente Persönlichkeiten oder bekannte Figuren aus Comics, Film et cetera. Es sollte sich hierbei um ganz unterschiedliche Charaktere handeln.
- Nun druckst du ein Bild der ausgewählten Persönlichkeiten aus und ergänzt dazu die Frage: »Welche Eigenschaften und Besonderheiten verbindet ihr mit Person XY?«
- Diese Aufgabenblätter bringst du nun im Meetingraum verteilt an unterschiedlichen Stellen an und legst Klebezettel in einer Farbe und Stifte dazu.
- Bereite das Setting so vor, dass die Teilnehmenden im Stehen arbeiten können.
- Du teilst deine Teilnehmenden dann in Gruppen von zwei bis vier Personen. Jede Gruppe geht zu einer anderen Persönlichkeit und tauscht sich in dieser ersten Runde über deren Eigenschaften und Besonderheiten aus. Diese werden notiert und rund um das Aufgabenblatt angebracht.
- Nun geht's an die eigentliche Aufgabenstellung. Hierzu teilst du neue Arbeitsblätter aus. Hier findet sich ebenfalls das Bild der Persönlichkeit – aber statt der Frage nach Eigenschaften und Besonderheiten – die eigentliche Fragestellung. Und zwar aus der Perspektive der Persönlichkeit. Ich arbeite bei mir im Institut zur Einführung dieser Methode mit folgender Aufgabenstellung: »Unser Ziel ist es, ab sofort mehr Bewegung in unseren Alltag zu integrieren. Welche Tipps hierfür

würde uns Person XY geben, damit dies dauerhaft gelingt und Spaß macht?«

- Nun erhalten die Teilnehmenden Klebezettel in einer anderen Farbe. Sie bleiben zunächst bei der Persönlichkeit, mit der sie sich bereits auseinandergesetzt haben und schreiben nun ihre neuen Antworten auf die neuen Klebezettel.
- Auf dein Zeichen endet diese Runde. Die Teilnehmenden gehen eine Station weiter. Hier finden sie sowohl die Eigenschaften der neuen Persönlichkeit als auch die Antworten der ersten Runde. Und nun können sie sich gleich zweifach inspirieren lassen. Zum einen durch die neue Perspektive und zum anderen durch das, was bereits geschrieben wurde.
- Da ja ab der zweiten Station die Eigenschaften zur Persönlichkeit bereits festgehalten wurden, braucht es diese Extraschleife ab der zweiten Runde nicht mehr. Die Teilnehmenden beschäftigen sich direkt mit der Aufgabenstellung.
- Wenn alle Stationen durchlaufen sind, werden die Ideen pro Station vorgestellt. Sie können zur Vorbereitung der Weiterarbeit mit Unterstützung des Modells NOW! WOW! HOW! CIAO! oder des Ideentrichters bewertet und anschließend weiterbearbeitet werden.

Methodische Inspirationsansätze:

- Räumlicher Perspektivwechsel,
- gedanklicher Perspektivwechsel,
- auf den Ideen anderer aufbauen – Brainwriting.

Was mir richtig gut gefällt:

- Die Fülle an Inspirationen befeuert das Finden neuer Ideen, ohne die Teilnehmenden zu überfordern. So sind die Antworten der anderen Teilnehmenden einfach nur als stummes Angebot zu sehen. Niemand muss damit weiterarbeiten.
- Das Hineinversetzen in die verschiedensten Persönlichkeiten und Figuren weitet nicht nur die Perspektive, sondern bringt überdies Freude und Leichtigkeit in den Raum.

- Der räumliche Ortswechsel lockert das Setting auf und bringt gemeinsam mit dem Arbeiten im Stehen Dynamik und Bewegung in die Moderation.

Darauf solltest du achten:

- Die Teilnehmenden sollten mit den von dir gewählten Persönlichkeiten etwas anfangen können. Achte hierbei mit welchen Generationen du arbeitest. Nicht jede und jeder ist gleich firm mit Influencern auf der einen – und in die Jahre gekommenen Stars und Sternchen auf der anderen Seite.
- Die Persönlichkeiten sollten sehr unterschiedlich sein. So steigt auch die Chance auf vielfältige Lösungsansätze.

6.6 Einstiegsübung «Das hätte ich nie zu träumen gewagt«

Auf den Punkt gebracht | Die Teilnehmenden einer Moderation teilen reihum eine Situation, die eingetreten ist, obwohl sie es sich nie zu träumen gewagt hätten, dass diese Vorstellung einmal Realität werden könnte.

Hierfür ist die Methode geeignet | Einstimmung in zukunftsgewandte Moderationen bei denen es wichtig ist, groß zu denken.

So gehst du vor:

- Du sensibilisierst die Teilnehmenden in deinem Einstieg in diese Moderationssequenz, dass sie heute das Hier und Jetzt getrost hinter sich lassen dürfen. Ja, dass es wichtig ist, groß zu denken und auch das vermeintlich Unmögliche mit in die Gedanken mit einzubeziehen ... So in etwa habe ich vor Kurzem den Einstieg in diese Moderationssequenz gestaltet: »... Denn die Zukunft hat uns schon oft eingeholt und plötzlich waren Dinge möglich, die wir uns früher niemals hätten vorstellen können. So war es für mich als Tochter einer aus der DDR geflüchteten

Mama unvorstellbar, dass wir einmal in einem wiedervereinten Deutschland leben würden. Bestimmt hat auch jede und jeder von euch selbst solche Situationen erlebt. Wenn ihr euch an den Tischen gleich kurz bekannt macht, teilt bitte auch eine positive Begebenheit oder Entwicklung, von der ihr niemals zu träumen gewagt hättet, dass diese einmal Realität werden könnte.«

Methodische Inspirationsansätze:

- Blick ins eigene Schatzkästchen.

Was mir richtig gut gefällt:

- Mit dieser freudvollen Einstiegsrunde gelingt es, selbst verkopfte Menschen auf ein offenes kreatives Setting einzustimmen.
- Die Frage lässt sich auch super gut in eine Vorstellungsrunde bei Personen, die sich nicht kennen oder aber in den Check-in im Team integrieren.

Darauf solltest du achten:

- Ich sitze hier im Jahr 2022 und hätte mir niemals vorstellen können, dass bei uns in Europa noch einmal Krieg herrschen würde. Deshalb ist es wichtig, in der Anmoderation zu betonen, dass es um positive Erlebnisse geht, von denen wir nie zu träumen gewagt hätten.
- Manche Menschen erzählen sehr gerne und mitunter auch ziemlich ausführlich. Hast du diesbezüglich Sorge, so gib gleich zu Beginn den Hinweis: »... in einem Satz!«

6.7 Sprung in die Zukunft

Auf den Punkt gebracht | Die Teilnehmenden werden gedanklich in die Zukunft gebeamt, erarbeiten aus dieser Perspektive zu einer Themenstellung ein gemeinsames Idealbild und leiten hieraus konkrete Maßnahmen ab.

Hierfür ist die Methode geeignet | Entwicklung neuer, innovativer Ideen, die groß und zukunftsgewandt gedacht sind.

So gehst du vor:

- Formuliere zunächst ein Szenario, das deine Teilnehmenden in die Zukunft versetzt und ein wünschenswertes Idealbild skizziert, ohne dies inhaltlich konkret zu beschreiben. Eine Formulierung könnte beispielsweise lauten: »Angenommen, wir kommen zum Ende des nächsten Geschäftsjahres hier zusammen und feiern gemeinsam das mit Abstand beste Kundenumfrage-Ergebnis der Unternehmensgeschichte – was hat die Kundinnen und Kunden so begeistert? Welche besonderen Leistungen haben die Befragten zu dieser super Bewertung bewegt und wie arbeitet ihr dann zusammen?«.
- Ergänzend zur Fragestellung fügst du jetzt noch die Arbeitsanweisung für deine Teilnehmenden hinzu. Und so könnte sie lauten: »Denkt hierbei groß, lasst formelle, organisatorische und technische Grenzen getrost außer Acht und visualisiert euer Zukunftsbild auf einem Flipchart-Blatt (alternativ: ... und notiert eure Antworten auf Klebezettel)«.
- Umsetzungs-Variante: Als Unterstützung bei der Gestaltung des Idealzustands kannst du den Teilnehmenden ausgedruckte Fotos und Abbildungen zur Verfügung stellen, aus denen sie dann eine Collage zusammenstellen können.
- Unterteile die Gesamtgruppe in Kleingruppen und statte sie mit dem vorbereiteten Arbeitsauftrag sowie den entsprechenden Materialien aus.

- Nach einer gewissen Arbeitszeit – das können je nach Thema zwischen fünfzehn und dreißig Minuten sein – gehst du in die Gruppen und schiebst Teil II des Arbeitsauftrages nach. In diesem zweiten Schritt identifizieren die Teilnehmenden die Stellhebel, die sie heute bewegen müssen, um dann zum entsprechenden Zeitpunkt in der Zukunft auch tatsächlich den skizzierten Zustand erreichen zu können. »Mit welchen kurz-, mittel- und langfristigen Maßnahmen könnt ihr selbst dazu beitragen, dass das skizzierte Zukunftsbild tatsächlich Realität werden kann?«
- Die Gruppen erarbeiten ihre Lösungen und präsentieren sie im Anschluss im Plenum.
- Je nach Art und Anzahl der Maßnahmen werden diese im Anschluss bewertet und ausgewählt oder weiterbearbeitet.

Methodische Inspirationsansätze:
- Gedanklicher Perspektivwechsel,
- bei der Arbeit mit Kollagen: Bilder und Symbole.

Was mir richtig gut gefällt:
- Durch das attraktiv formulierte Zukunftsszenario und die Annahme, dies könne auch tatsächlich so eintreffen, entsteht eine positive und motivierende Atmosphäre. Während man auf der verzweifelten Suche nach neuen Ideen im Negativszenario verhaftet ist, ermöglicht der Wechsel ins Positivszenario eine ganz neue Perspektive auf die zu lösende Aufgabe. Der Blick geht weg von: »Wie schaffen wir es, aus dieser unerfreulichen Lage herauszukommen?« hin zu: »Wie wäre es denn, wenn alles gut wäre«.
- Wenn du deinen Teilnehmenden Bilder für eine Collage zur Verfügung stellst, werden sie dadurch noch einmal zusätzlich inspiriert. Ich biete das übrigens immer als frei wählbare Möglichkeit an. Meistens wird sie aber gerne genutzt. Und ein weiterer Vorteil: Da Bilder uns emotional ansprechen, erkennen die Teilnehmenden direkt, ob das jeweilige Motiv tatsächlich den erträumten Zielzustand zum Ausdruck bringt.

Darauf solltest du achten:

- Der Sprung in die Zukunft beginnt in meinen Fragestellungen immer mit einem »Angenommen, wir haben den ... « oder »Stellt euch vor, es ist ...«. Damit die Zukunft auch konkrete Formen annimmt, füge ich im weiteren Verlauf gerne ein konkretes Datum oder wie im Beispiel hier einen festen, definitiv in der Zukunft liegenden Zeitpunkt ein. Damit wird offensichtlich, dass zwischen heute und dem genannten Zeitpunkt ein Zeitraum liegt, in dem große Dinge geschehen können.
- Je innovativer die Ideen sein sollen, desto weiter sollte der in der Frage genannte Termin in der Zukunft liegen.
- Achte darauf, dass das Zukunftsszenario immer absolut positiv und erstrebenswert beschrieben ist. Dabei ist es wichtig, dass klar daraus hervorgeht, dass das Ziel, in einem bestimmten Bereich erfolgreich zu sein, erreicht wurde. Offen sollte hingegen gelassen werden, wie denn genau das Szenario aussieht. Denn das ist die wichtige Aufgabe der Teilnehmenden.
- Je nach Innovationslevel der Aufgabe werden auch die Antworten unterschiedlich sein. Möglicherweise entsteht gleich eine gut handhabbare Menge an konkreten Maßnahmen, die so auch direkt umgesetzt werden können. Und vielleicht sind es auch abstraktere Stellhebel, die noch weiter bearbeitet und konkretisiert werden müssen oder es sind Ideen wie Sand am Meer, die es entsprechend zu bewerten und auszuwählen gilt.
- Wenn du mit Bildern für eine Collage arbeitest, achte darauf, dass du wirklich eine große Vielfalt zur Verfügung stellen kannst. Sonst wirkt es schnell in eine bestimmte Richtung gelenkt. Und das wäre kontraproduktiv. Die Motive müssen und sollen auch gar nicht alle direkt und offensichtlich mit dem Thema verknüpft sein. Gerade Metaphern helfen uns, Dinge zum Ausdruck zu bringen, auf die wir sonst gar nicht gekommen wären.

6.8 Walt-Disney intense

Vorbemerkung: Die auf Robert B. Dilts zurückgehende Walt-Disney-Methode gehört zu den bekanntesten Kreativitätstechniken. Vielleicht hast du ja auch schon mit ihr gearbeitet. Sie eignet sich insbesondere dann, wenn es darum geht, Ziele und Vorhaben zu konkretisieren und umzusetzen. Das Besondere besteht darin, dass die drei im Rahmen eines Entwicklungsprozesses wichtigen Rollen des »Träumers«, des »Kritikers« und des »Planers« einzeln und nacheinander betrachtet werden. Um die Separierung zu unterstützen, werden idealerweise drei unterschiedliche Räume genutzt. Ich habe die Original-Methode für mich und meine Anwendungsszenarien immer wieder individuell abgeändert und setze mit der hier dargestellten Intense-Variante einen Fokus auf die Herzstücke, der im Traum-Raum sprudelnden Ideen.

Auf den Punkt gebracht | Teilnehmende betrachten ein Vorhaben nacheinander aus der Träumer-, Kritiker- und Planersicht – idealerweise in verschiedenen Räumen beziehungsweise Settings –, um umsetzbare Lösungen zu generieren.

Hierfür ist die Methode geeignet | Ziele und Vorhaben groß denken, konkretisieren und umsetzen. Die Herzstücke von Visionen und Wünschen auf die Handlungsebene übertragen.

So gehst du vor:

- Wenn du tatsächlich drei Räume zur Verfügung hast, um den verschiedenen Perspektiven auch einen unterstützenden Rahmen zu geben, ist das großartig! Und auch wenn nicht, wirst du Möglichkeiten finden, zumindest das Setting zu verändern. Eine Runde im Grünen, die anderen an der Fensterfront des Meeting-Raumes im Stehen und die dritte dann am Besprechungstisch. Gehe mit offenen Augen durchs Gebäude und den Besprechungsraum. Du wirst fündig werden!
- Bevor es los geht, visualisierst du das Vorhaben, welches nachfolgend im Mittelpunkt steht.

- Zu Beginn der Moderation holst du deine Teilnehmenden gut ab, wenn du ihnen mitteilst, dass nachfolgend das Vorhaben XY aus den drei Perspektiven »Träumer«, »Kritiker« und »Planer« betrachtet und bearbeitet wird. Wenn die Teilnehmenden erkennen, dass jede Rolle wichtig ist und sie sich beispielsweise ganz frei auf die Träumereien einlassen können, da auch kritische und umsetzungsfokussierte Themen nicht zu kurz kommen, hast du gute Voraussetzungen, dass sie sich auch engagiert einbringen und jede Perspektive mit Leben füllen.
- Los geht die inhaltliche Arbeit dann im Raum des Träumers. Achte darauf, dass in diesem Raum alle Bedenken außen vor bleiben. Der Fantasie wird freien Lauf gelassen.

  Die einzelnen Schritte während dieser Phase sind:
  1. Ideen sprudeln lassen: Beispielsweise: »Angenommen, es wären euch keine finanziellen, organisatorischen, rechtlichen ... Grenzen gesetzt – mit welchen Ideen könnte es gelingen, bei eurem Vorhaben XY einen richtig großen Wurf zu landen?« Hier ist Quantität gefragt. Die Ideen sollen sprudeln, werden nicht bewertet und alle festgehalten.
  2. Selektion der Ideen, die weiterbearbeitet werden sollen: Im nächsten Schritt geht es darum, die besonders kraftvollen, Erfolg versprechenden und neuartigen Ideen herauszufiltern. Zum Beispiel: »Wenn ihr auf die Vielzahl der Ideen schaut, welche erscheinen euch besonders attraktiv, kraftvoll und innovativ?« Dies erfolgt immer noch aus der Perspektive des Träumers, also mit Fokus auf das Potenzial und nicht auf mögliche Hindernisse! Die Selektion erfolgt, indem die Teilnehmenden einzeln jeweils zwei bis drei Favoriten pro Person wählen oder die Auswahl gemeinsam treffen.

- Potenzial der einzelnen Ideen sichtbar machen. Nun wird das Potenzial jeder ausgewählten Idee im Detail ausgeführt: Beispielsweise »Was genau ist das Besondere und Attraktive dieser Idee, was steckt dahinter, was würde dadurch möglich et cetera?« Die Antworten werden einzeln notiert und zu den jeweiligen Ideen gepinnt. Wenn die einzelnen Ideen beispielsweise auf großen, grünen Klebezettel festgehalten sind, könnten die Herzstücke auf kleinen, grünen Klebezettel daneben angeordnet werden.

- Ist das Potenzial aller Ideen erarbeitet, geht es in die konstruktive Kritik-Phase und damit in den Raum respektive das Setting des Kritikers. Die Ergebnisse werden mitgenommen und sind die Basis der konstruktiv kritischen Betrachtung. Die Frage an die Gruppe könnte lauten: »Wenn ihr euch nun in die Position eines konstruktiven Kritikers oder auch einer wohlwollenden Mentorin hineinversetzt – welche Einwände und Bedenken seht ihr, wenn ihr diese Ideen hört? Welche Stolpersteine könnten möglicherweise bei der Umsetzung im Weg liegen?«
- Die kritischen Gedanken werden auf Haftnotizen in einer anderen Farbe notiert und zu den Ergebnissen der Traumphase gehängt.
- Es folgt nun die dritte Perspektive: Die Gruppe geht mitsamt den Ergebnissen aus den ersten beiden Phasen in den Raum des Planers. Die Frage an die Gruppe könnte lauten: »Wenn ihr euch nun die visionären Ideen mitsamt ihren Potenzialen auf der einen Seite und die kritischen Einwände auf der anderen Seite anschaut: Welche konstruktiven Vorschläge habt ihr, um die Herzstücke der Ideen – unter Berücksichtigung der kritischen Einwände auf andere Weise oder in Teilen umzusetzen? Unter welchen Umständen oder mit welchen Einschränkungen könnte man die Realisierung der Ideen angehen?«
- Die Antworten werden auf Klebezettel einer dritten Farbe festgehalten. Sind alle Ideen aus allen drei Perspektiven betrachtet, werden die finalen Ergebnisse der Planungsphase bewertet, weiter genutzt oder direkt in einen Maßnahmenplan überführt.

Methodische Inspirationsansätze:

- Gedanklicher Perspektivwechsel,
- räumlicher Perspektivwechsel.

Was mir richtig gut gefällt:

- Das Erfolgsgeheimnis liegt darin, alle drei Rollen zu separieren und dann in die Lösungsfindung zu integrieren. Durch diese Trennung entsteht Klarheit. In unserem Kopf spuken ansonsten alle Facetten wild durcheinander und verhindern das klare Denken und den kühlen Kopf.
- Durch die gleichwertige Betrachtung aller Perspektiven fühlen sich alle Teilnehmenden gefragt. Unabhängig davon, ob sie im Innersten lieber träumen oder sich der kritischen Betrachtung näher fühlen.
- Nach dem Durchlaufen des kompletten Weges von der Träumerei bis zur Planung sind die Ideen am Ende mitunter so konkret, dass sie direkt in einen Maßnahmenplan übernommen werden können.

Darauf solltest du achten:

- Die Idee der Intense-Variante ist es, die Ideen zu hinterfragen, sodass herausgearbeitet wird, um was es den Teilnehmenden wirklich geht. Ich mache ein Beispiel: Angenommen, im Rahmen der Planung eines großen Festes zur Feier eines hundertjährigen Firmenjubiläums entsteht die Idee, Rea Garvey zu engagieren. Da ja keine Scheren im Kopf erlaubt sind, wäre die Antwort in der Traumphase auch völlig okay. Das Argument der kritischen Perspektive liegt natürlich auf der Hand. Die Kosten. Und jetzt unterscheiden sich die Ergebnisse der Planungsphase – je nachdem welche Herzstücke um die Idee gesammelt wurden. Geht es um die einzelnen Songs, die im Original von ihm gesungen werden, könnte das Ergebnis sein, dass es die Originalmusik aus der Konserve gibt. Die andere Variante wäre, dass der Fokus auf dem Liveact liegt. Dann könnt die Lösung eine Cover-Band sein.
- Damit komme ich auch schon zu meinem nächsten Punkt: Beim Herausarbeiten der Herzstücke ist es manchmal nötig, die symbolische Zwiebel ein wenig zu schälen, um auf den Punkt zu kommen. »Ich finde Rea Garvey als Liveact cool, weil er einfach toll ist« wäre jetzt kein Herzstück, das auf dem Weg zu einer gangbaren Lösung hilfreich wäre. Bohre freundlich weiter: »Was genau wäre das Besondere? Was daran würde dir am meisten gefallen? Was wäre dadurch auf der Feier anders?«

- Die kritische Perspektive ist elementar wichtig – vorausgesetzt die Antworten sind konstruktiv und konkret formuliert. Deshalb nutze ich hier auch alternativ den Begriff der wohlwollenden Mentorin und des wohlwollenden Mentors. Totschlagargumente sind fehl am Platz! Sie bringen die Teilnehmenden ihrem Ziel keinen Schritt näher. Achte also darauf, dass die Kritik keine schlechte Stimmung, sondern vielmehr einen echten Mehrwert bringt.
- Unterschätze den Wechsel des Settings nicht! Es unterstützt ungemein beim Wechseln der Perspektive und bringt darüber hinaus auch Schwung und Dynamik in die doch recht umfassende Moderationseinheit.

6.9 Iterative Maßnahmen-Challenge

Auf den Punkt gebracht | Mehrere Teams arbeiten parallel Lösungsszenarien für verschiedene Themen aus. Sie pitchen den ersten Entwurf, erhalten Feedback, arbeiten dies ein und stellen die verfeinerte Lösung vor.

Hierfür ist die Methode geeignet | Parallele Ausarbeitung von Lösungs- beziehungsweise Umsetzungsszenarien zu verschiedenen Oberthemen, die beispielsweise in einem früheren Workshop-Schritt erarbeitet wurden.

So gehst du vor:

- Du visualisierst das übergeordnete Ziel sowie die abgeleiteten – aber noch nicht ausgearbeiteten Maßnahmen. Um es verständlicher zu machen, hier ein Beispiel: Das Ziel könnte die Steigerung der Bekanntheit eines Unternehmens sein. Die definierten aber noch nicht ausgearbeiteten Maßnahmen könnten lauten: Einführung von Pressearbeit, Aufbau von Empfehlungsmanagement oder Steigerung der Aktivität in Social Media et cetera.
- Nun gilt es, diese Themen weiterzubearbeiten.

- Für jedes auszuarbeitende Thema gibt es eine Gruppe.
- Die Teilnehmenden ordnen sich dem Thema zu, an welchem sie mitarbeiten möchten.
- Die Gruppen arbeiten ihr jeweiliges Thema aus und bereiten einen kurzen, aufmerksamkeitsstarken Pitch von maximal zwei Minuten im Plenum vor.
- Alle Gruppen kommen ins Plenum zurück und pitchen.
- Oder als zeitsparende Variante: Es finden sich jeweils zwei Gruppen zusammen, die gegenseitig ihre Szenarien pitchen. Insbesondere, wenn es viele Themen und Gruppen gibt, empfiehlt sich diese Vorgehensweise.
- Nach jedem Pitch gibt es ein kurzes Feedback: a) Was war top? b) Welche Stolpersteine könnten bei der Umsetzung dieses Szenarios im Weg liegen? c) Haben wir einen Aspekt vermisst? Achte darauf, dass die Rückmeldungen konstruktiv und konkret formuliert sind.
- Nach den Pitches gehen die Gruppen wieder zurück und arbeiten die erhaltenen Feedbacks in ihren Lösungsentwurf ein. Nun werden die Umsetzungsszenarien so verschriftlicht, dass konkret damit gearbeitet werden kann.
- Es folgt die Präsentation der ausgearbeiteten Maßnahmen im Plenum. Du kannst auch hier ein Zeitfenster setzen. Es sollte allerdings etwas großzügiger sein als bei den Pitches.

Methodische Inspirationsansätze:

- Gedanklicher Perspektivwechsel.

Was mir richtig gut gefällt:

- Effizienzgewinn durch parallele Bearbeitung verschiedener Perspektiven.
- Eine gewisse Wettbewerbssituation und der Zeitdruck beim Pitchen befeuern den Ehrgeiz der Teilnehmenden.
- Stolpersteine und Lücken können durch die konstruktiv-kritische Außensicht identifiziert und ausgeräumt werden.

Darauf solltest du achten:

- Es kann bei der Ausarbeitung von fachlich-inhaltlichen Themen hilfreich sein, wenn sich die Teilnehmenden freiwillig zuordnen können. Dann können Fachexpertise und Affinität gut genutzt werden. Wenn du aber von vorneherein ahnst, dass die freiwillige Aufteilung zu einem deutlichen Ungleichgewicht führen würde, dann wähle eine zufällige Gruppenaufteilung.
- Während dieser Methode spielt durch die zweifachen Präsentationen die Einhaltung der Zeiten eine entscheidende Rolle. Allerdings ist dies vorher auch anzukündigen, damit die Teilnehmenden nicht komplett vom Timeboxing überrascht werden.
- Während der Pitches spielen natürlich Performance und Wirkung eine gewisse Rolle. Bei der finalen Ausarbeitung ist es wichtig, dass auch wirklich alle relevanten Punkte festgehalten werden. Nur so kann bei der Umsetzung auch konkret damit gearbeitet werden.

6.10 Raus in die Natur mit Inspirationsfragen

Auf den Punkt gebracht | Tandems gehen mit drei Inspirationsfragen in die Natur, lassen sich von diesen und der Umgebung inspirieren, finden Analogien, tauschen sich aus und kommen mit neuen Ansätzen zurück.

Hierfür ist die Methode geeignet | Festgefahrene Situationen neu denken. Sich zu neuen Lösungsansätzen inspirieren lassen.

So gehst du vor:

- Im Vorfeld der Moderation bereitest du drei Inspirationsfragen vor:
  1. Woran würden wir es merken, wenn diese Thematik gelöst wäre?
  2. Was hätten wir dann daraus gelernt?
  3. Wenn wir uns hier in der Natur umsehen – wie hätte die Natur eine vergleichbare Herausforderung gelöst?

- Schreibe die Fragen auf einzelne Kärtchen und nummeriere sie. Wenn du die Methode öfter einsetzen möchtest, lohnt es sich, die Kärtchen zu laminieren. Die Teilnehmenden werden in Tandems arbeiten. Du benötigst für jedes Tandem ein Kartenset. Packe jedes Set dann in ein Briefkuvert.
- Im Moderationssetting moderierst du die Aufgabe an, teilst die Gesamtgruppe in Tandems auf (bei ungerader Personenzahl gibt es eine Dreiergruppe) und versorgst sie mit den Briefkuverts.
- Wichtig ist es hierbei, zu betonen, dass die Teilnehmenden die Kuverts erst öffnen, wenn sie ein paar Schritte gegangen sind und sich den Fragen dann entsprechend der Nummerierung nach und nach widmen sollen.
- Die Teams machen sich auf den Weg und laufen erst einmal ein Stück, um das Setting komplett zu wechseln. Bereits durch den räumlichen Perspektivwechsel hinaus in die Natur und die körperliche Bewegung ändert sich auch die Sicht auf die zu lösende Aufgabe.
- Nacheinander beschäftigen sich die Tandems nun mit den Inspirationsfragen. Sie tauschen sich dazu aus und finden möglicherweise auch eine Analogie in der Natur.
- Wenn die Teams zurück sind, haben sie im Raum noch fünf Minuten Zeit, um ihre Gedanken auf Klebezettel zu notieren.
- Die Ergebnisse werden im Plenum präsentiert und dann gegebenenfalls weiterbearbeitet.

Methodische Inspirationsansätze:
- Bewegung,
- räumlicher Perspektivwechsel,
- gedanklicher Perspektivwechsel.

Was mir richtig gut gefällt:
- Die Natur bietet so viel Inspirationspotenzial! Gekoppelt mit der Bewegung entsteht daraus eine so einfache – und doch überaus wirksame Möglichkeit, die Gedanken in eine neue Richtung zu lenken.

- Bei dieser Methode wird Tempo rausgenommen. Es geht nicht um höher, schneller, weiter, sondern darum, durch die Inspirationsfragen und Analogien in der Natur zu neuen Betrachtungsweisen und Denkansätzen zu gelangen.

Darauf solltest du achten:

- Diese Methode baut darauf, dass es möglich ist, durch die Natur zu laufen. Sollte deine Moderation mitten in der City ohne jeglichen Zugang zur Natur stattfinden, kannst du die Methode dennoch ein Stück weit nutzen: Lass einfach die dritte Frage weg.
- Wenn du die bewegte Einheit länger gestalten möchtest, kündige es im Vorfeld an (passendes Schuhwerk).
- Kommuniziere die genaue Uhrzeit, zu der die Teilnehmenden wieder zurück sein sollen.

6.11 Dynamische Eckgespräche

Auf den Punkt gebracht | Drei bis vier Fragen sind auf Ecken im Raum verteilt. Die Teilnehmenden gehen unkoordiniert zu den Fragen, tauschen sich aus und werden von bereits geschriebenen Antworten inspiriert.

Hierfür ist die Methode geeignet | Ideensammlung. Reflexion nach Vorträgen und Präsentationen.

So gehst du vor:

- Du visualisierst deine Fragestellungen und verteilst jede Frage auf eine Ecke.
- Jede Ecke stattest du mit Visualisierungsmaterial aus. Also Marker und Flipchartpapier oder Kärtchen beziehungsweise Haftnotizen.
- Die Teilnehmenden teilen sich auf, gehen in die Ecke ihrer Wahl und widmen sich der jeweiligen Fragestellung. Sie können sich hierzu mit den anderen Teilnehmenden, die zufällig gerade ebenfalls in dieser Ecke

sind, austauschen. Die Antworten werden notiert. Die Teilnehmenden entscheiden selbst, wie lange sie bei einer Fragestellung bleiben möchten und wechseln dann weiter in eine andere Ecke ihrer Wahl.

- Jetzt kommt die Inspirationsquelle Brainwriting ins Spiel. Die Teilnehmenden sehen, was zu dieser Frage schon geschrieben steht und können sich davon zu neuen Antworten inspirieren lassen.
- Fünf Minuten vor dem geplanten Ende gibst du ein Signal. Dann haben die Teilnehmenden noch die Chance, in eine Ecke zu wechseln, in der sie noch nicht waren oder aber zu einer Frage, die sie besonders interessiert ein zweites Mal zu gehen, um sich dieser noch einmal zu widmen.
- Die Vorstellung der Antworten erfolgt in einem Rundgang. Die Gruppe geht von Ecke zu Ecke. Jetzt kannst du die Antworten gegebenenfalls vorlesen und es können Rückfragen gestellt werden.
- Je nach Aufgabenstellung variiert danach das weitere Vorgehen: Geht es um das Sammeln von Ideen, die in den gemeinsamen Moderationsprozess einfließen, dann werden die Antworten bewertet und weiterbearbeitet. Geht es nach einem Vortrag oder einer Präsentation um die individuelle Reflexion und den Transfer in den eigenen Kontext, ergibt es Sinn, wenn die Ergebnisse gesamtheitlich zur Verfügung gestellt und dann von den Einzelnen individuell genutzt werden.

Methodische Inspirationsansätze:

- Brainwriting,
- Räumlicher Perspektivwechsel.

Was mir richtig gut gefällt:

- Das Besondere dieser Methode ist die Kombination von Dynamik und Freiwilligkeit. Es bleibt allen selbst überlassen, wie lange sie sich mit jeder Frage auseinandersetzen und wann sie weitergehen und wohin sie weitergehen.
- Es entsteht die Chance, sich mit vielen unterschiedlichen Personen kurz auszutauschen. Aber auch die Arbeit in der Stille ist möglich.

Darauf solltest du achten:

- Die immer wieder neue Durchmischung und das lockere Wechseln sind elementar bei dieser Methode. Deshalb ist es wichtig, dies bereits bei der Anmoderation zu betonen. Kommt dieser Hinweis zu kurz, kann es passieren, dass feste Gruppen gemeinsam von Station zu Station gehen.

6.12 In der Stille inspiriert

Auf den Punkt gebracht | Die Teilnehmenden schreiben in der Stille ungefiltert alle Ideen auf, die ihnen in den Sinn kommen. Inspiriert werden sie von immer wieder durch die Moderation eingestreuten verrückten Fragen.

Hierfür ist die Methode geeignet | Ideenfindung.

So gehst du vor:

- Bereite im Vorfeld der Moderation fünf bis zehn Fragen vor, die durchaus ein wenig »verrückt« sein dürfen und die Teilnehmenden jedes Mal die Perspektive wechseln lassen. Zum Beispiel: »Verändere deine Ideen so, dass
  ... die Zeitung darüber berichten würde.«
  ... Jugendliche sie total cool finden würden.«
  ... die Natur darin vorkommt.«
  ... sie von niemandem kopiert werden können.«
  ... man daraus eine Netflix-Serie machen könnte.«
  ... eure Mitbewerber euch anzeigen würden.«
  ... eure Kunden vor Begeisterung Purzelbäume schlagen würden.«
  ... Pippi Langstrumpf stolz auf euch wäre.«
  ... Influencer sich um eine Zusammenarbeit reißen würden.«
- Zu Beginn der Moderation visualisierst du die eigentliche Fragestellung, zu der die Ideen gesammelt werden sollen und versorgst alle mit Klebezetteln und Markern.

- Die Teilnehmenden arbeiten im Stehen an Moderationswänden, den Wänden des Raumes oder der Fensterfront. Sie brauchen ausreichend Platz, um jede einzelne Idee immer vor Augen zu haben.
- In den ersten fünf Minuten finden die Teilnehmenden in der Stille Ideen zur Fragestellung, schreiben sie auf und bringen sie gut sichtbar vor sich auf der entsprechenden Fläche an.
- Nach den fünf Minuten folgt nun die erste Inspirationsfrage. Die Teilnehmenden verknüpfen die bereits geschriebenen Antworten mit dem Veränderungsauftrag und entwickeln auf diese Weise neue und möglicher-weise außergewöhnlichere Ideen. Wenn durch die Inspirationsfrage ein völlig neuer Gedanke entsteht, ist dieser natürlich ebenfalls willkommen!
- Nach weiteren zwei Minuten kommt die nächste Frage und so weiter.
- Am Ende wählen alle Teilnehmenden aus ihren erarbeiteten Ideen ihre persönlichen Favoriten (drei bis fünf favorisierte Ideen pro Person).
- Die Ideen werden vorgestellt und beispielsweise anhand des Modells Now! Wow! How! Ciao! oder des Ideentrichters bewertet und anschließend weiterbearbeitet.

Methodische Inspirationsansätze:
- Persönliches Schatzkästchen,
- gedanklicher Perspektivwechsel.

Was mir richtig gut gefällt:
- Durch die durchaus etwas verrückt anmutenden Inspirationsfragen kommt Leichtigkeit ins Spiel. Was soll hierbei schon schiefgehen?
- Gleichzeitig werden in kurzer Zeit vielfältige Perspektiven eingenommen und die Gedanken wechseln immer wieder aufs Neue die Richtung.

Darauf solltest du achten:
- Die Inspirationsfragen sind nur die Brücke zu den eigentlichen Ideen. Es ist nicht wichtig, nachvollziehen zu können, auf welche Frage die jeweiligen Ideen zurückgehen.

- Es geht bei den Inspirationsfragen *nicht* darum, die Akzeptanz bei bestimmten Stakeholdern abzuklopfen. Wollten wir beispielsweise eine auf unsere Kundinnen und Kunden abgestimmte Dienstleistung entwickeln, so würden wir das auch aktiv und bewusst in die Gestaltung der Moderation mit einplanen und diese elementar wichtige Perspektive nicht mal so neben Pippi Langstrumpf als Inspiration aus dem Hut zaubern. Die Inspirationsfragen sind dann richtig gut gewählt, wenn die benannte Perspektive oder das angeführte Szenario nicht primär mit der zu lösenden Aufgabe zu tun hat.

7.
Aus der Fülle zur Entscheidung – Ideen bewerten und auswählen

7.1 Der Fokus entscheidet über Top oder Flop

Wenn die Ideen sprudeln, dann läuft's! Stimmt. Das freut uns Moderierende insbesondere dann, wenn wir im Vorfeld möglicherweise nicht ganz sicher waren, ob es mit unseren gewählten Inspirationsquellen auch tatsächlich gelingen mag, die Teilnehmenden aus der Reserve zu locken, damit Neues und Innovatives möglich wird. Nicht mehr vom Gleichen und Business as usual, sondern überraschende Ideen außerhalb des eigenen Tellerrandes.

Dieser große Schritt hinein in die bunte Welt der Kreativität ist ja auch die entscheidende Grundlage, damit am Ende des Tages innovative Lösungsansätze entstehen und verabschiedet werden können. Doch zwischen vielen coolen Ideen auf der einen und konkreten verabschiedungswürdigen Lösungen auf der anderen Seite liegt noch ein wichtiger und mitunter weiter Moderationsweg.

Während du auf der Suche nach Neuem und Außergewöhnlichem den gedanklichen Raum deiner Teilnehmenden weit machst, gilt es nach dieser öffnenden Phase, den Blick wieder zu fokussieren. Und zwar immer mit den Leitplanken, die du durch deine Auftragsklärung erfahren hast und die direkt auf das Moderationsziel hinführen. Konkret ist es während dieser sogenannten konvergierenden Arbeitsphase deine Aufgabe, die kreative Vielfalt von den Teilnehmenden so einordnen, bewerten und weiterbearbeiten zu lassen, damit am Ende des Tages das geforderte Workshop- oder Meeting-Ziel auch erreicht werden kann. Hierfür stelle ich dir nachfolgend ab dem Unterkapitel 7.3 vier Methoden vor. Diese sind gleichermaßen in der virtuellen Welt und auch bei Präsenz-Terminen nutzbar.

7.2 Die systemische Brücke von der Idee zur Innovation

Wer will sie nicht – innovative Lösungen stehen hoch im Kurs! Doch bis sich eine Idee tatsächlich zur Innovation mausert, braucht es einen langen Atem und ungebrochenen Optimismus.

I have not failed. I've just found 10.000 ways that won't work.

Thomas A. Edison (1847–1931), US-amerikanischer Erfinder, Elektroingenieur und Unternehmer

Was in dieser Aussage aber auch mitschwingt ist die Überzeugung, dass es keinen Erfolg ohne Scheitern gibt. Der erste Wurf – und erscheint er noch so vielversprechend – ist selten gleich die ultimative Lösung. Wenn wir nach der ersten Idee aufhören zu sprudeln, tendiert die Wahrscheinlichkeit, damit den zündenden Durchbruch zu erreichen gen Null. Und wenn wir jede nicht funktionierende Idee abstrafen, wird am Ende des Tages auch keine Glühbirne herauskommen. Ein entsprechendes Mindset (Kapitel 2) ist also die Grundvoraussetzung kreativen Arbeitens. Dazu braucht es dann noch eine gute Portion Inspiration, damit die gewohnten Gedankengänge bewusst verlassen werden und Neues überhaupt erst entstehen kann (Kapitel 5). Wenn dann Ideen wie Sand am Meer entstehen, ist das zwar ein elementarer Schritt – und dennoch sind wir noch meilenweit von unserem Ziel entfernt! Denn damit aus viel versprechenden Ideen auch tatsächlich eine Innovation entstehen kann, braucht es die systemische Brücke. Hierbei geht es einerseits um die Frage der internen Akzeptanz und der Umsetzung. Wie könnte sich die Realisierung gestalten? Welche technischen Schritte sind nötig? Wen können wir hierzu ins Boot holen? Wen gilt es, intern davon zu überzeugen, um das Go zu erhalten? Ist die Umsetzung in trockenen Tüchern, mausert sich die Idee zur Erfindung. Das klingt doch schon mal gut! Nur – wie viele großartige Erfindungen sind niemals zum Verkaufsschlager geworden? Genau. Unendlich viele! Der Grund liegt in der zweiten systemischen Brücke: Der Akzeptanz der Nutzerinnen und Nutzer! Eine coole Erfindung wird erst dann zur Innovation, wenn sie auch bei der Zielgruppe Anklang findet.

Für uns in der systemischen Moderation ist die Betrachtung der verschiedenen Perspektiven übrigens nichts Ungewöhnliches. Denke an das Mobile (Kapitel 2.4)! Um die unterschiedlichen Sichtweisen mit in deine Ideenbewertung einzubeziehen, helfen dir die Tools, die ich dir nachfolgend vorstelle. Eines dieser Tools ist der Entscheidungstrichter (Kapitel 7.4). Um die Akzeptanz deiner Zielgruppe mit in deine Ideenbewertung zu integrieren, kannst du diese Perspektive beispielsweise als Kriterium in den Trichter mit aufnehmen. Und meist ist die Bewertung ein erstes Auswahlkriterium. Nicht mehr und nicht weniger. Damit hat die Idee zwar die erste Hürde gemeistert, ist aber noch lange nicht ausgefeilt. Hierbei kann dich in einem nächsten Schritt die Perspektive der Kundinnen und Kunden aus dem Stakeholder-Rondell (6.2) unterstützen, um konkrete Anforderungen herauszuarbeiten und in die Tiefe zu gehen.

7.3 Ideen bewerten mit Now! Wow! How! Ciao!

Auf den Punkt gebracht | Gesammelte Ideen werden in ein Koordinatensystem mit den Achsen »Originalität« und »Machbarkeit« einsortiert. Aufgrund dessen kann entschieden werden, welche weiterzuverfolgen sind.

Hierfür ist die Methode geeignet | Ideen anhand ihrer Originalität und Machbarkeit bewerten. Wichtig: funktioniert in Präsenz und online!

So gehst du vor:

- Bereite auf einer Präsentationswand – online oder offline – ein Koordinatensystem mit einer 2×2-Felder-Matrix vor.
- Die vertikale Y-Achse bezieht sich auf die Machbarkeit. Die horizontale X-Achse auf die Originalität.
- Bezeichne die Quadranten entsprechend der Abbildung mit NOW! WOW! HOW! CIAO!

- Nun werden die Ideen, die einer divergierenden Ideenfindungsphase entstanden sind, von den Teilnehmenden gemeinsam in diese Matrix eingeordnet.
- Die Ideen im Quadranten »NOW!« sind durchschnittliche Ideen, die deine Teilnehmenden aufgrund der Machbarkeit direkt umsetzen können. Das sind Quick Wins, die man mitnehmen – sich aber nicht einzig auf sie fokussieren sollte. Sonst wird es nichts mit den bahnbrechenden Innovationen!
- Rechts daneben im Quadranten WOW! sieht es hingegen vielversprechend aus! Hier finden sich Ideen, die sowohl innovativ und einzigartig – als auch leicht realisierbar sind. Hier gilt es, direkt zuzugreifen!
- Nicht zurückschrecken sollten deine Teilnehmenden vor dem Quadranten »HOW!« Hier finden sich innovative Ideen, an denen man sich allerdings in Sachen Machbarkeit die Zähne ausbeißen kann. Und deshalb ist die Bezeichnung HOW! hier auch genau die richtige! Nehmt euch die eine oder andere HOW! Idee auf die Agenda und denkt die Umsetzung

neu. Welches sind die Herzstücke dieser Innovation, welche konkreten Hindernisse blockieren die Machbarkeit? Die Methode Walt-Disney intense (Kapitel 6.8) kann euch hier möglicherweise ein gutes Stück weiterbringen!

- Die Hände weglassen sollten deine Teilnehmenden hingegen von Ideen, die sie dem Quadranten CIAO! zugeordnet haben. Denn schwierig zu realisierende Ideen anzugehen, die am Ende gar nicht innovativ sind, wäre die unverantwortliche Verschwendung aller Ressourcen.

Was mir richtig gut gefällt:

- Es ist ja schon schwer genug, die gern zitierten »Ideen wie Sand am Meer« zu generieren. Wenn sie denn dann aber gesprudelt sind, folgt die nächste Herausforderung auf dem Fuß: Die Entscheidung, wie es denn nun mit dem großen Wurf weitergehen soll. Diese sowohl in der virtuellen Welt, als auch in Präsenz-Settings schnell und einfach anzuwendende Bewertungsmethode bringt Klarheit und unterstützt dabei, die richtige Wahl zu treffen.
- Was mir besonders gut gefällt, ist die Zweidimensionalität der Bewertung! Wenn sich die Teilnehmenden gleich mit zwei wesentlichen Faktoren auseinandersetzen, hat ihre Bewertung dann auch eine fundierte Grundlage. Kein Vergleich zur lapidaren Entscheidungsfrage »Ja, welche Idee ist denn jetzt gut?«
- Bei der Suche nach möglichst originellen, innovativen Ideen sind die beiden Bewertungskriterien »Originalität« und »Machbarkeit« genau treffend gewählt. Doch auch wenn du Lösungen suchst, die einen anderen Fokus haben, beispielsweise besonders nachhaltig sein sollen, kannst du diese Matrix super nutzen. Tausche einfach »Originalität« gegen »Nachhaltigkeit«.

Darauf solltest du achten:

- Die Einschätzung, an welcher Stelle des Koordinatensystems die Ideen einzuordnen ist, braucht manchmal ein wenig Zeit. Die solltest du den Teilnehmenden auch geben. Und vor allen Dingen sollen sie hierbei in den Dialog gehen. Nur so stehen am Ende auch alle dahinter.

7.4 Ideen bewerten mit dem Entscheidungstrichter

Auf den Punkt gebracht | Es werden maximal drei Entscheidungskriterien definiert. Anhand der Wichtigkeit werden diese auf die Stufen 1, 2 und 3 des Trichters gesetzt. Die Ideen, die entsprechen, rücken eine Stufe weiter.

Hierfür ist die Methode geeignet | Entscheidungen anhand individueller Kriterien treffen. Wichtig: funktioniert in Präsenz und online!

So gehst du vor:
Bereite auf einer Präsentationswand – online oder offline – einen Trichter vor.

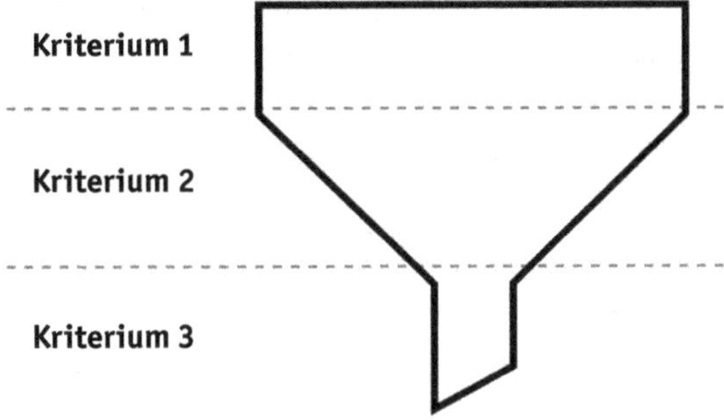

- Wenn die maximal drei Entscheidungskriterien, anhand derer die Entscheidung zu treffen ist, bereits im Vorfeld feststehen, schreibst du dies auf die einzelnen Trichterstufen.
- Sind die Kriterien noch nicht festgelegt, erfolgt die Bestimmung der Kriterien durch die Teilnehmenden. Dies kann im Dialog oder in Einzel- beziehungsweise Gruppenarbeit erfolgen. Nach der Erarbeitung der maximalen Kriterien zeichnest du die Stufen ein und beschriftest sie entsprechend.
- Nun werden die zur Auswahl stehenden Antworten über den Trichter gepinnt. Gemeinsam geht es nun an die Bewertung der zur Auswahl stehenden Ideen beziehungsweise Lösungen. Im ersten Schritt werden

die zur Auswahl stehenden Antworten anhand des ersten Kriteriums beurteilt. Alle, die diesem entsprechen, dürfen eine Stufe weiter. Die, die es in Stufe 2 geschafft haben, werden nun auf dieses Kriterium überprüft. Entsprechen sie auch diesem, geht es auf Stufe 3. Am Ende purzeln die Lösungen heraus, die es durch alle Trichterstufen geschafft haben.

- Können nicht alle der verbliebenen Ideen umgesetzt werden, folgt die Entscheidungsfrage (Kapitel 7.6).

Was mir richtig gut gefällt:

- Bereits bei der NOW! WOW! HOW! CIAO!-Matrix hat mich die spezifische, zielorientierte und zweidimensionale Bewertung von Ideen begeistert. Hier im Trichter haben wir die Möglichkeit, noch tiefer zu gehen (beispielsweise wenn aus der Kategorie HOW! zwei oder drei Ideen ausgewählt werden sollen). Und hier können wir die systemische Sicht, die die anderen Beteiligten mitberücksichtigt, hervorragend nutzen, um eine Idee jetzt noch aus der Perspektive der Kundinnen und Kunden, der Vorgesetzten oder der Konkurrenz zu betrachten. Die Entscheidung erhält damit eine noch zielgerichtetere Grundlage.
- Das Symbol des Trichters macht diese Methode so anschaulich.

Darauf solltest du achten:

- Die Entscheidungskriterien sollten in jedem Fall der Auftragsklärung entsprechen. Nur so haben deine Teilnehmenden am Ende des Tages auch zielführende Ergebnisse.

7.5 Heute, morgen, übermorgen

Auf den Punkt gebracht | Um Ideen oder Maßnahmen bewerten und auswählen zu können, werden sie aufgrund ihrer zeitlichen Ausprägung beziehungsweise Dringlichkeit in die drei Kategorien »heute«, »morgen«, »übermorgen« eingeteilt.

Hierfür ist die Methode geeignet | Ideen oder Maßnahmen kategorisieren, um eine Entscheidungsfindung zu erleichtern. Sicherstellen, dass bei Ideen und Maßnahmen sowohl kurz- als auch mittel- und langfristig umsetzbare Lösungen erarbeitet wurden. Wichtig: funktioniert in Präsenz und online!

So gehst du vor:

- Bereite auf einer Präsentationswand – online oder offline – die drei folgenden Cluster vor.

heute	morgen	übermorgen

- Danach werden die Ideen beziehungsweise Maßnahmen von den Teilnehmenden in die entsprechende Kategorie einsortiert.
- Nun wird schnell deutlich, ob alle drei Kategorien in gleichem Maß vertreten sind. Falls nicht, nimmst du dies als neues To-do ins nächste Meeting mit.
- Sind in einer Kategorie so viele Ideen erarbeitet worden, dass eine Auswahl zu treffen ist, kannst du beispielsweise weitere Entscheidungskriterien zu Hilfe nehmen und eine Trichterbewertung (Kapitel 7.4) und gegebenenfalls noch eine Entscheidungsfrage (Kapitel 7.6) anschließen.

Was mir richtig gut gefällt:

- Das eine tun – das andere nicht lassen. Bei vielen Fragestellungen ist es entscheidend, sowohl schnell und einfach umsetzbare Quick Wins aus dem Hut zu zaubern, als auch in weitreichenden, strategischen Lösungen zu denken. Das Clustern nach zeitlicher Ausprägung hilft einerseits dabei, Transparenz und Übersicht über die gesammelten Antworten zu erhalten und macht andererseits deutlich, ob tatsächlich auch alle Kategorien vertreten sind.

Darauf solltest du achten:

- Wenn es das Ziel der Moderation ist, Lösungen in allen drei zeitlichen Ausprägungen zu generieren, ist es unter Umständen zu spät, am Ende der Moderation das Cluster anzuwenden. Dies funktioniert nämlich nur dann richtig gut, wenn du die entsprechenden Anforderungen bereits bei den Fragestellungen zur Lösungsfindung zugrunde gelegt hast.

7.6 Entscheidungen herbeiführen mit der Entscheidungsfrage

Auf den Punkt gebracht | Bleiben nach der Bewertung zu viele Ideen übrig, wird die finale Lösung mit der Entscheidungsfrage ermittelt. Die Teilnehmenden erhalten halb so viele Stimmen wie zur Wahl stehende Alternativen.

Hierfür ist die Methode geeignet | Entscheidungen final treffen. Wichtig: funktioniert in Präsenz und online!

So gehst du vor:

- Du formulierst die Entscheidungsfrage anhand der Zielsetzung. Welcher Fokus, welche Perspektive ist für die finale Entscheidung ausschlaggebend?

- Danach schreibst du die Entscheidungsfrage auf die Präsentationswand und bringst die zur Auswahl stehenden Antworten (beispielsweise auf Klebezettel geschriebene Ideen, die nach der Trichter-Bewertung noch übrig geblieben sind) darunter an.
- Nun bereitest du die tatsächlichen oder virtuellen Bewertungspunkte vor. Hier spielt die Anzahl der zur vergebenden Punkte eine entscheidende Rolle. Und Achtung: Diese orientiert sich nicht an der Anzahl der Lösungen, die am Ende herauskommen sollen, sondern vielmehr an der Anzahl der zur Wahl stehenden Alternativen. Diese Zahl wird halbiert und ergibt die Anzahl der zu verteilenden Punkte. Kommt hierbei eine ungerade Zahl heraus, wird aufgerundet. Ich empfehle, bei der Entscheidungsfrage kumulieren zu lassen. Es dürfen allerdings maximal zwei Punkte auf eine Antwort entfallen. Der Vorteil ist hierbei ganz klar der, dass die favorisierte Lösungen entsprechend Gewicht erhalten kann und auch Lösungen, die »ganz okay« sind, in den Entscheidungsprozess mit einfließen.
- Nun werden die Punkte von den Teilnehmenden gesetzt – die Entscheidung ist getroffen.

Was mir richtig gut gefällt:

- Die Entscheidungsfrage kann auf vielfältige Weise schnell und einfach durchgeführt werden. Mit tatsächlichen Klebepunkten, mit Strichen auf den Antwortkarten, mit virtuellen Sternchen auf dem Kollaborationstool oder mit einem virtuellen Abstimmungstool.

Darauf solltest du achten:

- Tatsächlich gibt es einiges zu beachten, damit die Entscheidungsfrage auch wirklich zu einem guten Ziel führt! Für mich ist sie ein super hilfreiches und unkompliziertes Tool, wenn der Abstimmung eine umfassende und zielgerichtete Konvergierungsphase vorausgegangen ist. Hierbei meine ich die mehrdimensionale Betrachtung und Bewertung. Alle relevanten Perspektiven müssen in den Entscheidungsfindungsprozess mit einfließen. Werden die Perspektiven außer Acht gelassen, führt eine schnelle Entscheidungsfrage mit großer Sicherheit nicht zur bestmöglichen Lösung.

- Die Anzahl der Punkte immer beachten: fünfzig Prozent der zur Wahl stehenden Lösungen (Wenn ich zehn Familienmitglieder befrage, welches Gericht es am Heiligen Abend geben soll, bekomme ich zehn Antworten. Erhalten nun alle einen Klebepunkt, setzten natürlich alle auf das von ihnen genannte Gericht. Erhalten sie aber fünf Punkte, können sie ihr Lieblingsessen stärker bewerten und den Gerichten, die für sie auch okay wären, jeweils einen Punkt geben. So entsteht eine breitere Mehrheitsbildung).

8.

Gewusst wie – Erfolgsfaktoren für deine Onlinemeetings jenseits der Technik

8.1 Die virtuelle Welt hat ihre eigenen Regeln

Jeder, der schon einmal versucht hat, eine Präsenzveranstaltung eins zu eins in den virtuellen Raum zu übertragen, hat ganz schnell feststellen müssen, dass es so einfach eben nicht funktioniert. Denn die Uhren in der virtuellen Welt ticken definitiv anders.

Onlinemeetings sind für unsere Arbeitswelt ein großer Gewinn und funktionieren auch hervorragend, wenn du dich genau damit auseinandersetzt, wann du sie nutzt und wie du sie nutzt. Und dabei denke ich gar nicht an die Technik. Freilich sollte diese funktionieren, sonst ist alles nichts. Aber der Umkehrschluss, dass wenn die Technik funktioniert auch dein Onlinemeeting perfekt läuft, ist definitiv ein Trugschluss.

Im Kapitel 1.3 habe ich mich mit den Nachwuchskräften der Generationen Y und Z beschäftigt. Eine Erkenntnis für früher geborene Menschen wie ich ist, dass sich von den Digital Natives jede Menge lernen lässt! Ich habe es gerne getan!

Mit Miriam Steckl habe ich eine fantastische Partnerin zur Seite, die nicht nur Systemische Moderatorin und Design Thinking Coach, sondern auch begeisterte Expertin für virtuellen Kollaboration und Moderation ist. Alles, was ich zu diesem Thema heute weiß, durfte ich von ihr lernen. Und hatte und habe dabei jede Menge Spaß! Sie hat für unser Institut ein speziell auf die systemische Moderation zugeschnittenes Onlinemodul konzipiert und mit mir umgesetzt. Und genau das ist auch die Basis dieses Kapitels. Hierzu möchte ich sie jetzt auch für dich befragen:

»Liebe Miriam,
viele Leserinnen und Leser mögen sich jetzt die Frage stellen, worin genau der Unterschied zwischen einer ›normalen virtuellen Moderation‹ und dem von dir ausgearbeiteten Konzept besteht. Magst du dies hier kurz erläutern?«

© Clara Köngeter

Und das hat Miriam Steckl geantwortet:

»Liebe Michaela,
die systemische Moderation, wie wir sie in der analogen Welt umsetzen, zeichnet sich ja unter anderem dadurch aus, dass die diversen Perspektiven an einem Tisch gesehen und wertgeschätzt – und die daraus entstehenden Potenziale genutzt werden. Bei der Aufgabe, die systemische Moderation in den virtuellen Raum zu tragen, war es mir wichtig, den Einzelnen mit ihren individuellen Sichten, Expertisen und Befindlichkeiten immer wieder bewusst Raum zu geben. Denn auch im virtuellen Raum gibt es nicht die eine Wahrheit. Aber es gibt eine Tendenz. Und die besteht darin, schnell mal zu viele in ein Meeting einzuladen (der Weg ist ja so kurz). Der zentralen Frage aus der systemischen Moderation: »Wen braucht es, damit alle Perspektiven berücksichtigt sind und tragfähige Lösungen entstehen können?« ist im virtuellen Raum definitiv noch die zweite Frage: »und wen braucht es nicht?« anzuschließen. Das Ablenkungspotenzial ist im virtuellen Raum riesig. Habe ich jetzt noch Personen im Meeting, die nur am Rande mit dem Thema zu tun haben, wird es schwierig mit dem fokussierten Arbeiten. Apropos Arbeiten. Häufig wird in Onlinemeetings viel geredet. In der systemischen Moderation geht es aber darum, konkret und kollaborativ an Lösungen zu arbeiten. Deshalb gibt's bei uns im virtuellen Meeting konkrete Aufgabenstellungen, die interaktiv beispielsweise auf dem Kollaborationsboard erarbeitet werden. Dabei entsteht nicht nur ein Gemeinschaftsgefühl, sondern auch Commitment zu den Ergebnissen.
Jetzt gilt es nur noch, die drei typischen Stolpersteine der virtuellen Welt aus dem Weg zu räumen. Gewusst wie, ist das gar nicht so schwer!«

Vielen Dank! Und wie von dir angekündigt, nehmen wir uns jetzt direkt die Stolpersteine vor: Unserem Konzept der virtuellen systemischen Moderation rankt sich um drei Stolpersteine, die dir auf dem Weg zu einem erfolgreichen kokreativen Onlinemeeting im Weg liegen können. Doch die gute Nachricht folgt auf dem Fuß! Wenn du diese Stolpersteine genau anschaust und in deiner virtuellen Moderation entsprechend berücksichtigst, werden daraus Gelingensfaktoren, die dir den Weg zu einem erfolgreichen, effizienten und freudvollen Miteinander ebnen. Deswegen werde ich auch nachfolgend von Gelingensfaktoren sprechen.

8.2 Gelingensfaktor Nähe – mehr als ein Kuschelfaktor

Nähe und Beziehung. Allein die Begriffe muten sehr privat an und wenn wir hierzu unser geistiges Auge bemühen, tauchen schnell unsere Liebsten aus dem engsten Freundes- und Familienkreis auf. In den beruflichen Kontext gesetzt, denken wir vielleicht an die Kollegin, mit der wir unbedingt mal wieder zum Mittagessen in die Kantine gehen sollten oder den Kollegen, mit dem wir uns gerne über seine Erfahrung mit seinem neuen Elektroauto austauschen möchten. Fernab der privaten Aspekte haben Nähe und Beziehung aber weitaus mehr berufliche Relevanz als es uns vielleicht bewusst ist. Spürbar wird Nähe beispielsweise beim gemeinsamen Miteinander in Meetings und Workshops. Wenn die Gruppe sich vertraut, Reaktionen direkt anhand der Gestik und Mimik wahrgenommen werden und man sich auch direkt entschuldigen kann, wenn man anhand einer solchen Reaktion erkennt, dass man vor lauter Begeisterung gerade übers Ziel hinausgeschossen ist und die Kollegin unbeabsichtigt übergangen hat.

Anders verhält es sich, wenn die Teilnehmenden nicht gemeinsam im Meetingraum sitzen, sondern virtuell zusammengeschaltet sind. Die gewohnten, unbewussten Mechanismen funktionieren nicht mehr automatisch. Zwischen den Teilnehmenden ist eine unsichtbare Wand, die Nähe und Beziehung abhält. Doch warum ist das so? Und warum genau ist es für ein erfolgreiches, sinnstiftendes Meeting überhaupt notwendig, dass Nähe und Beziehung stattfinden?

Die Design Thinking Forscher Greg L. Kress und Mark Schar der Stanford University haben folgende interessante Feststellung gemacht und veröffentlicht: »Hochleistungskreativität basiert auf sozialer Sensibilität, der Fähigkeit, sich in die Individualität der anderen Teammitglieder und deren Art, Probleme zu lösen, einzustellen.« (Kress, Schar 2012)

Soziale Sensibilität und Empathie sind also Voraussetzungen, um gemeinsam kreativ zu sein. Von wegen Kuschelfaktor! Und genau hier stoßen wir an die unsichtbare Wand der virtuellen Welt! Denn Empathie entsteht, wenn wir die Emotionen der anderen Personen auch sehen. Hier kommen die Spiegelneuronen ins Spiel. Die funktionieren live und in Farbe ganz automatisch und stellen uns in der virtuellen Welt vor eine gewisse Herausforderung.

Die gute Nachricht ist die: Es gibt durchaus Möglichkeiten, diese unsichtbare Wand zu durchdringen!

- Die Kamera bei interaktiven Meetings immer einschalten;
- Körpersprache aktiv nutzen, zum Beispiel durch Zeichen, die mit der Hand gegeben werden;
- Emotionen visuell kommunizieren, beispielsweise durch Bilder;
- aktuelle persönliche Befindlichkeiten bewusst thematisieren, zum Beispiel beim Check-in;
- sichtbare Gemeinsamkeiten schaffen, beispielsweise durch gleichen Kaffeebecher.

Eine Reihe von möglichen Analogien und Check-ins findest du in unserer Toolbox im nächsten Kapitel.

Ein zweiter Aspekt, der die Nähe im virtuellen Raum blockieren kann, ist ein mangelndes Sicherheitsgefühl. Erst wenn sich Teilnehmende in einem Safe Space bewegen, sind Offenheit und eine vertrauensvolle Zusammenarbeit möglich. Natürlich spielt hier die psychologische Sicherheit im Team eine entscheidende Rolle (Kapitel 2.5). Klare Regeln helfen, dass sich alle Teilnehmenden auch im virtuellen Raum in gleichem Maße sicher und am richtigen Platz fühlen. Jede und jeder sollte dasselbe Verständnis davon haben.

- In welcher Form wird zu einem Meeting eingeladen?
- Wie lange dauern die Meetings?
- Welche verschiedenen Arten von Meetings führen wir virtuell durch?
- Wer nimmt am Meeting teil und warum?
- Wie lautet das Ziel des Meetings?
- Welches sind die Rahmenbedingungen?
- Wie lautet die Agenda?
- Wie erfolgt die Nachbereitung?

Neben dem Commitment zur Transparenz in Inhalts- und Organisationsfragen gilt es auch, das Verhalten der Teilnehmenden während der Durchführung eines Onlinemeetings zu thematisieren und sich auf gemeinsame Regeln zu einigen. Hierzu zählen beispielsweise:

- Wie melde ich mich zu Wort, wenn ich Rückfragen habe?
- Was braucht es, damit sich auch alle zu jeder Zeit trauen, konstruktive Kritik zu äußern?
- Wie verhindern wir das Abschweifen in Details und Nebensächlichkeiten?
- Wie stellen wir sicher, dass auch alle gleichermaßen gehört werden?

Damit auch alle das Regelwerk anerkennen und sich diesem verpflichtet fühlen, ist es absolut notwendig, dies auch von den Teilnehmenden selbst erarbeiten zu lassen.

Nur Maßnahmen, die die Teilnehmenden selbst entwickelt und verabschiedet haben, können einerseits mit intrinsischer Motivation gelebt – und andererseits im Ernstfall auch eingefordert werden. Und um jetzt wieder auf den Aspekt des sicheren Raumes zurückzukommen: Nur wenn alle hinter der beschlossenen Art des Miteinanders stehen, werden sie diese auch umsetzen und auf diese Weise einen Safe Space schaffen.

Mit sozialer Sensitivität und Empathie auf der einen und einen durch Regeln gestalteten Safe Space auf der anderen Seite gelingt es, die unsichtbare Wand der fehlenden Nähe in der virtuellen Welt zu durchschreiten und ein kreatives menschliches Miteinander zu ermöglichen.

8.3 Gelingensfaktoren Teamwork und Interaktion

Damit ein Team zu einem echten Team wird, braucht es mehr als die Zuordnung zum gleichen Kästchen im Organigramm. Und so zeichnen sich erfolgreiche Teams auch durch mehr aus als gute Arbeit. Sie nutzen die Stärken der Einzelnen für den gemeinsamen Erfolg, gehen wertschätzend miteinander um, haben kein Problem, wenn auch mal nicht alle dieselbe Meinung vertreten, sind motiviert und organisiert und haben zumindest meistens richtig Spaß an der Arbeit.

Soweit so gut. Nun möchte ich hier nicht ausschweifen und über die grundlegende Ausprägung erfolgreicher Teams philosophieren. Mein Blick gilt vielmehr der virtuellen Welt – und den besonderen Herausforderungen, die zu beachten sind, wenn du Teamwork und Interaktion auch in Onlinemeetings unterstützen und fördern möchtest. Der teamorientierten Zusammenarbeit und gemeinsamen Interaktion, die für Teams so wichtig sind, um gemeinsam Dinge zu erschaffen und voranzubringen, geht es in der virtuellen Welt ähnlich wie dem Faktor Nähe: eine imaginäre Wand verhindert, dass die beiden Gelingensfaktoren so ganz automatisch und von alleine funktionieren.

Ein Grund hierfür ist das Fehlen der natürlichen Begegnungen, die über das formelle Meeting hinausgehen. Während wir uns im Büro schon beim Ankommen einen »guten Morgen« wünschen und uns beim Warten vor dem Kaffeeautomat noch rasch über die privaten Ereignisse des Wochenendes und beruflichen Herausforderungen der neuen Woche updaten, bleibt es im Homeoffice still.

Und wenn es dann ins gemeinsame Onlinemeeting geht, wird es nicht besser. Durch die unsägliche Meetingplanung, die leider immer noch in vielen Unternehmen üblich ist, beginnen die virtuellen Besprechungen zur vollen Stunde und enden genau sechzig Minuten später. Die Herausforderung besteht ja schon darin, überhaupt pünktlich ins nächste Meeting zu hüpfen. Von der thematischen Vorbereitung wollen wir erst gar nicht sprechen. Aber klar ist dann auch, dass es eben direkt losgeht. Kein kurzes Gespräch auf dem physischen Weg zum Meetingraum im Office, keine Nachfrage, wie denn der Termin beim Lehrer des Sohnes am Vorabend gelaufen ist oder wie der Kollege mit der neuen Software zurechtkommt.

Falls dir möglicherweise gerade der Gedanke in den Sinn kommt, dass dieses private Geplänkel ja wohl eher zur Nice-to-have-Kategorie oder zur Gattung »Verzichtbares Schischi« gehört und für harten Businesserfolg ziemlich irrelevant ist, empfehle ich dir einen Blick in den Artikel »The New Science of Building Great Teams« (Pentland 2012). Die Forscher haben in einer breit angelegten Studie herausgefunden, dass der wichtigste Schlüssel für den Erfolg von Teams deren Kommunikationsmuster waren. Und hierzu zählen ausdrücklich auch natürliche Gespräche abseits der Agenda.

Die Tatsache, dass die natürlichen Begegnungen innerhalb des Teams in der virtuellen Welt nicht automatisch entstehen, heißt aber nicht, dass sie nicht stattfinden können. Nur eben nicht von alleine. Du musst sie schon aktiv initiieren.

Eine ganz einfache Methode, die ich selbst mit großer Freude anwende, ist das »Händewaschen« während längerer Meetings. Hierfür werden die Teilnehmenden nach der Pause in Zweierteams in Breakout-Sessions geschickt. Wenn sie nach ihrem kurzen Erholungsslot wieder an den Rechner kommen, dürfen sie sich überraschen lassen, mit wem sie sich in einem Breakout-Raum befinden. So ist es ja auch im richtigen Leben nach dem Gang zur Toilette – hier weiß ich ja auch nicht, neben wem ich am Waschbecken stehe. Und so entstehen kurze Gespräche abseits der Agenda. Das heißt übrigens nicht, dass diese nicht auch beruflicher Natur sein können. Aber sie sind eben für das konkrete Meeting nicht so wichtig, dass sie dort einen offiziellen Platz finden. Dennoch können sich daraus thematische Anknüpfungspunkte ergeben, die sonst eben nicht zutage getreten wären.

Auch ein kurzes Ankommen bei Kaffee und Tee vor dem eigentlichen Meeting-Beginn hilft dabei, sich kurz zu unterhalten und ein Gefühl füreinander zu bekommen. Das funktioniert aber nur, wenn du deine Meetings so gestaltest, dass Zeitslots hierfür vorhanden sind. So könntest du den Raum zur vollen Stunde öffnen – die offizielle Agenda aber erst fünf Minuten später beginnen lassen. Dann haben auch diejenigen eine Chance, pünktlich zum offiziellen Start dabei zu sein, die zuvor schon in einem anderen Meeting waren. Die anderen hingegen können sich in lockerer Runde austauschen, ohne hierbei das Gefühl zu haben, wertvolle Meetingzeit zu vergeuden, weil man ja noch auf Person XY warten muss.

Beim Faktor »Nähe« habe ich den Check-in als Einstieg und festen Bestandteil von (Online-)Meetings bereits erwähnt. Dieser kurze Runde, bei der jede und jeder zu Wort kommt und die eigentlichen Befindlichkeiten teilt, zahlt natürlich auch auf die Kommunikation und das Teamgefühl ein. Du kannst hier in deinen Check-in-Fragen auch genau diese nicht vorhandenen Kurzgespräche thematisieren. Zum Beispiel mit der Aufgabe, diesen Satz weiterzuführen: »Auf dem Weg vom Parkplatz ins Büro hätte ich euch heute Morgen Folgendes erzählt ...«

Um den Teamgedanken innerhalb von Teams, die sich selten physisch treffen, hoch zu halten, ist es wichtig, dieses Mindset immer wieder bewusst zu aktivieren.

Teams werden wirksam durch Interaktion – durch Austausch, gemeinsames Erschaffen und Erleben. Das typische Phänomen in der virtuellen Welt ist aber, dass die Einzelnen eher mit der moderierenden Person interagieren als untereinander. Deshalb ist es hilfreich, die Interaktion innerhalb der Gruppe bewusst zu fördern und sie in Aktion zu bringen. Dies kann beispielsweise durch gemeinsam zu lösende Aufgaben in Breakout-Sessions geschehen. Wie auch in der realen Welt: Nicht darüber reden, sondern aktiv daran arbeiten! Mehr hierzu gleich, wenn wir uns der Partizipation widmen.

Bislang ging es in diesem Kapitel eher darum, mehr Persönliches in den virtuellen Raum zu bringen und die Kommunikation und Interaktion zu stärken. Soweit so richtig. Soweit, so wichtig. Nun ist es aber auch völlig normal, dass nicht immer alles rund läuft. Dass es Teamdynamiken gibt, die nicht wirklich förderlich und weit weg von einem konstruktiv-erfolgreichen Team-Setting sind. Und jetzt die schlechte Nachricht: Genau diese Teamdynamiken wirken sich im virtuellen Raum noch stärker aus als in Präsenz. Und gleich kommt die nächste Herausforderung ums Eck: die persönliche Veranlagung, introvertiert oder extrovertiert zu sein, wird im virtuellen Raum noch verstärkt.

Es gibt bei allem Negativen auch eine gute Nachricht – es gibt Mittel und Wege, dieser Unausgeglichenheit entgegenzuwirken. In der bereits zitierten Veröffentlichung »The New Science of Building Great Teams« (Pentland 2012), in der es um den Erfolgsfaktor »Kommunikation« in Teams geht, kamen die Forscher zu der Erkenntnis, dass der Redeanteil Einzelner in erfolgreichen Teams in etwa ausgeglichen – und kurz und knapp gehalten sind.

Und genau hier liegt ein wirkungsvoller Ansatz: Wenn es gelingt, die Redeanteile auszugleichen, wird erstens dem natürlichen Effekt, dass die persönliche Veranlagung zum Viel- oder Wenigsprechen im virtuellen Raum noch verstärkt wird, entgegengewirkt. Und zweitens wird hierdurch gleichzeitig ein wertvoller Schritt in Richtung »erfolgreiches Team« eingeleitet. Und ja, auch ich trage ein Fünkchen Realismus in mir. Und so ist es mir durchaus bewusst, dass es nicht damit getan ist, eine klare Redezeitbegrenzung im Onlinemeeting einzufordern und schwupp die wupp wird aus einem durchschnittlichen Team wie von Zauberhand eine High-Performance-Truppe.

Aber andersherum wird der sprichwörtliche Schuh daraus: Es wird niemals ein High-Performance-Team geben, in dem nur einige Teammitglieder in Meetings einen Beitrag leisten – diesen dafür aber umso ausführlicher gestalten. Deshalb ist es ein Puzzlesteinchen auf dem Weg zu einem erfolgreichen Team, an den ausgeglichenen Redeanteilen zu arbeiten. Und hier ist es die Aufgabe von uns Moderierenden, die methodische Herangehensweise so zu gestalten, dass grundsätzlich die Redebeiträge ähnlich sind.

In Onlinemeetings gelingt das besonders gut, wenn sich die Teilnehmenden gegenseitig den »virtuellen Ball« zuwerfen. Nach dem eigenen Statement wird bestimmt, wer als nächstes dran sein soll. Ein guter Nebeneffekt ist hierbei übrigens, dass die Aufmerksamkeit hoch ist. Ich könnte ja die nächste sein. Und by the way sollte ich natürlich auch immer im Blick haben, wer denn noch nicht dran war. Da wird's echt schwierig, nebenher noch online Schuhe zu shoppen. Ich selbst gebe in der Moderation auch gerne den Hinweis: »... in einem Satz«. Wohl wissend, dass bei manchen ein Satz sehr viele Nebensätze haben kann! Und hier noch ein Tipp: Die Teilnehmenden orientieren sich hierbei ganz automatisch an der ersten Person, die spricht. Das heißt so lange wie diese redet, werden die Folgebeiträge durchschnittlich. Bist du also knapp in der Zeit, kannst du bei Themen, zu denen du dich selbst auch äußerst (Check-in, Check-out) den Anfang machen und so die Länge der Redebeiträge vorgeben.

Was dir immer hilft, ist konsequentes Timekeeping. Arbeitest du mit einem Kollaborationsboard, hast du die Funktion hier automatisch verfügbar. Klare und jederzeit sichtbare Zeitvorgaben helfen dir, dass das Zeitmanagement im virtuellen Setting nicht aus dem Ruder läuft.

In einem Arbeitssetting von psychologischer Sicherheit sollte es immer auch möglich sein, sich entsprechendes Feedback zu geben. Hierzu muss man allerdings zunächst die ausgeglichenen Redeanteile als zu reflektierendes Thema auf dem Schirm haben.

Ob es nun um die individuellen Redeanteile oder andere Faktoren der Meetingkultur geht: Es lohnt sich immer, in regelmäßigen Abständen den Fokus in Team-Meetings nicht auf den eigentlichen Inhalt, also auf das Was zu richten, sondern ganz bewusst die Art des Miteinanders, also das Wie zu thematisieren. So gelingt es, sich permanent weiterzuentwickeln und besser zu werden.

8.4 Gelingensfaktor Partizipation und Engagement

Was man während eines Onlinemeetings nicht so alles erledigen kann ... Es gibt wohl niemand, der nicht schon auf wichtige Mails geschaut und diese auch beantwortet hat. Doch selbst wenn wir uns nicht bewusst mit anderen Dingen und Themen auseinandersetzen – werden wir nicht direkt integriert und angesprochen, schweifen wir ruck zuck ab. Auch das Vergessen des Gehörten und der damit einhergehenden Fragen- oder Aufgabenstellung geht im virtuellen Raum viel schneller als im Präsenz-Setting, da Erinnerungen häufig an Körpersprache festgemacht werden. Und während du im Meetingraum vor Ort sehr wohl wahrnimmst, wenn der Chef dir aufmunternd zunickt oder die Kollegin noch etwas fragend dreinschaut, bleiben im virtuellen Raum doch nur Kacheln. Du fühlst dich weniger persönlich gemeint und wahrgenommen.

Darüber hinaus ist die Fülle an möglichen Ablenkungen enorm, wenn alle in ihrem eigenen Umfeld sind. Und auch wenn im Präsenzmeeting nicht automatisch gewährleistet ist, dass alle Teilnehmenden mit ihrer ungeteilten Aufmerksamkeit bei der Sache sind, so fällt es zumindest leichter, sich auf das gemeinsame Miteinander zu konzentrieren. Aber genau diese Aufmerksamkeit ist unabdingbar, wenn in virtuellen Meetings partizipativ an Lösungen gearbeitet werden soll.

Dabei ist das »partizipative Arbeiten« an sich schon ein großer Teil der Lösung! Genau wie es in Präsenzmoderationen einen entscheidenden Unterschied macht, ob man aktiv an einem Thema arbeitet oder lediglich darüber spricht, verhält es sich auch in Onlinemeetings. Es gibt heute so viele pragmatischen Möglichkeiten, auch im virtuellen Raum Interaktion und Partizipation zu ermöglichen. Sei es durch Teilen des Bildschirms, während die Antworten zu einer Fragestellung festgehalten werden oder durch das gemeinsame Arbeiten an digitalen Kollaborationsboards.

Nun aber zurück zum Phänomen, dass sich die Teilnehmenden die konkreten Arbeitsaufträge und Fragestellungen im virtuellen Raum nicht so gut merken können. Dem kannst du ganz einfach begegnen, indem du den konkreten Arbeitsauftrag visualisierst. Idealerweise auf einem bereits von dir vorbereiteten Board. So können sich die Arbeitsgruppen direkt ans Werk machen und brauchen sich nicht erst lange mit der Frage aufzuhalten, was sie denn eigentlich zu tun haben. Besonders gut handhabbar sind die Arbeitsaufträge, wenn du sie gut strukturierst und in verdauliche Häppchen teilst.

Ich finde es auch in Präsenzsettings wichtig, dass die Arbeitsgruppen nicht zu groß sind. Und in der virtuellen Welt ist es noch bedeutender. In einer überschaubaren Gruppe ist jede und jeder gefordert, sich auch tatsächlich aktiv einzubringen. Und damit sind wir bereits beim nächsten erfolgskritischen Punkt der virtuellen Moderation: Dem Engagement und Verantwortungsbewusstsein der einzelnen Teilnehmenden. Hier leisten uns die Breakout-Räume wertvolle Dienste!

Während in Präsenz nach einer Gruppeneinteilung direkt offensichtlich ist, wer zu welcher Kleingruppe gehört, ist das online schon schwieriger. Das zieht sich bis hin zur Ergebnispräsentation durch. Deshalb empfehle ich, auf die Ergebnis-Sheets auch direkt die Namen der Gruppenmitglieder zu schreiben. Ergebnisse sollten auch immer vorgestellt werden. Nur so wird das Engagement auch sichtbar.

Eine weitere Möglichkeit, das Verantwortungsbewusstsein aller Einzelnen zu unterstreichen ist, die entsprechend personalisierte Gestaltung der Vorlagen. Wenn alle ihren personalisierten Bereich auf dem Ergebnis-Sheet haben, werden sie diesen auch befüllen.

9.
Deine Toolbox für lebendige Onlinemeetings

9.1 Eine Frage der Herangehensweise

Keine Frage – Tools gibt es auch in der virtuellen Welt in Hülle und Fülle! Und so wie eine Methode in der Präsenzwelt noch keinen erfolgreichen Workshop macht, so wird auch ein Onlinemeeting nicht alleine davon sinnstiftend, dass das eine oder andere digitale Tool darin verbaut ist. Du weißt ja, Ziel, Handlungsenergie, Rahmenbedingungen ... Ohne Fundament läuft auch online nichts. Gar nichts.

Und wie auch in der physischen Welt ist damit der wichtige Boden bereitet, aber lange noch nicht das Ziel erreicht. Eine Moderation ist immer ein Weg, den es zu planen und zu beschreiten gilt.

An alle Fans von Kollaborationstools – ich bin eine von euch! Was für unglaubliche Möglichkeiten die Boards dieser Welt eröffnen – einfach genial! Es gibt hier allerdings zwei Aber – und die solltest du dir in jedem Fall zu Herzen nehmen.

1. Inspiration zu neuem Denken braucht Anschub
Auch wenn du mit Kollaborationstools arbeitest, sind es die Inspirationsquellen sowie eine kluge Frage- und Aufgabenstellung, die Teilnehmende zu neuem Denken inspirieren.

2. Vorbereitung ist entscheidend
Erinnerst du dich – das Ablenkungspotenzial ist im virtuellen Raum riesig und die Merkfähigkeit für zu erledigende Aufgaben verringert. Deshalb ja auch der Rat, die Aufgabenstellungen zu verschriftlichen und den Teilnehmenden, beispielsweise durch Zuweisen einer eigenen Farbe bei den virtuellen Klebezetteln, die Verantwortung am gemeinsamen Ergebnis zu signalisieren. Das bedeutet aber konkret, dass du vor einer Moderation einzelne Boards entsprechend vorbereiten musst. Das macht total Spaß – und richtig Arbeit. Deshalb mein Tipp: Lege dir einen Pool an Vorlagenboards an, dann hast du für bestimmte Settings schon einmal ein Grundgerüst, das du dann für den

nächsten Workshop duplizieren und individuell anpassen kannst. So hast du einen eigenen digitalen Moderationskoffer!

Und für alle, die nicht mit Kollaborationstools arbeiten können oder wollen: Es gibt immer auch die Möglichkeit, PowerPoint zu verwenden. Statt auf dem Beamer und an die Wand, werden die Charts dann einfach per Bildschirm teilen für alle nutz- und sichtbar gemacht.

Bei der Vorbereitung von Onlinemoderationen ist es empfehlenswert, sich wie auch bei Präsenzmoderation eine Konzeption zu erstellen. Die inhaltlichen Kategorien sind hier zu einem Großteil identisch – unterscheiden sich jedoch bei der technischen Umsetzung. Schließlich gilt es – im Falle der Nutzung eines Kollaborationsboards –, gleich mit zwei virtuellen Tools zu jonglieren.

Hier die Kategorien auf einen Blick:

- Uhrzeit – gibt zeitliche Orientierung;
- Dauer – gibt Orientierung über den veranschlagten Zeitbedarf;
- Thema – Überbegriff der Moderationssequenz;
- Ziel – definiert, was in dieser Sequenz erreicht werden soll;
- Frage/Inhalt – Hier findet sich die konkrete, final ausformulierte Fragestellung.
- Inspirationsquelle/Methode – Auf welche Weise möchte ich die Teilnehmenden zu neuem Denken inspirieren oder ihre Kreativität befeuern?
- Konferenztool – Mit welcher Einstellung arbeite ich während dieser Phase (zum Beispiel drei Breakout-Räume, zufällige Einteilung)?;
- Kollaborationstool – Was muss ich auf dem Kollaborationstool einrichten (beispielsweise am Anfang der Arbeitsphase alle Teilnehmenden auf dem Board an die richtige Position bringen, den Timer einstellen)?;
- Chat – Gibt es etwas, das ich in den Chat schreiben sollte (zum Beispiel den Link zum Kollaborationstool oder Fragen beim Check-in, der nur auf der Tonspur stattfindet)?
- Wer – Wer ist hierbei aktiv und an der Reihe?

Eine entsprechende Vorlage findest du im Download-Bereich zu diesem Buch. Bei der Auswahl der Tools habe ich mich ganz bewusst an den drei zuvor dargestellten Gelingensfaktoren orientiert. Die nachfolgend beschriebenen Onlinemethoden unterstützen dich dabei, Nähe, Interaktion und partizipatives Engagement in den virtuellen Raum zu bringen.

Und noch eine Anmerkung: Vieles davon kannst du auch wieder zurück in die physische Welt übertragen. Ich habe die Methoden aber bewusst in dieses Kapitel genommen, weil sie eben online richtig gut funktionieren. Und nun: Viel Spaß beim Ausprobieren!

9.2 Check-in mit Bild-Analogien

Auf den Punkt gebracht | Die Teilnehmenden drücken ihre persönlichen Befindlichkeiten in Form einer visuellen Analogie aus. Inspiration hierfür sind vorbereitete Bilder.

Hierfür ist die Methode geeignet | Einstieg in die virtuelle Moderation, Thematisierung persönlicher Befindlichkeiten, um den wichtigen Faktor »Nähe« in den virtuellen Raum zu transferieren.

Setting:

- Alle in einem Raum. Mikros für Stillarbeit aus. Danach an.

So gehst du vor:

- Bereite Fotos oder Illustrationen vor, die eine große Bandbreite an Gefühlen widerspiegeln. Hierbei ist es schön, wenn verschiedene Nuancen sichtbar werden. Es können – aber müssen nicht immer die typischen Smileys sein. Auch Tiermotive oder Naturaufnahmen bieten jede Menge Potenzial, um sich mit der aktuellen persönlichen Befindlichkeit einem Bild zuordnen zu können. Eine Fülle an emotionalen

Anknüpfungspunkten bieten übrigens die bekannten Wimmelbilder. Bei allen Bildern, die du nutzt, achte auf die Urheberrechte.

- Wenn du mit einem Kollaborationsboard arbeitest, kannst du die Bilder direkt auf einem Check-in-Board vorbereiten. Bereite dann am Rand des Boards für alle Teilnehmenden ein kleines Namensschildchen in einer jeweils eigenen Farbe vor. Visualisiere dann die Fragestellung:
- Wenn du kein interaktives Board nutzt, kannst du die Bilder beispielsweise auf einer PowerPoint-Folie anordnen und dann über das Teilen deines Bildschirms präsentieren. Auch hier kannst du die kleinen Namensschildchen ebenfalls schon vorbereiten.
- Gib den Teilnehmenden etwas Zeit, um sich die verschiedenen Bilder in Ruhe anzusehen und sich das für sie passende Motiv auszuwählen.
- Auf dem Kollaborationsboard können die Teilnehmenden dann ihr Namensschildchen direkt dem ausgewählten Bild zuordnen. Bei der Präsentation über das Teilen deines Bildschirms müsstest du dies dann übernehmen.
- Wenn du fürchtest, dass die Bilder durch die vielen Namensschildchen gar nicht mehr zu erkennen sind, kannst du beim Vorbereiten neben den farbigen Namensschildchen ein Sternchen oder Ähnliches in derselben Farbe hinzufügen. Dann können die Teilnehmenden nicht das ganze Schild, sondern vielmehr das Symbol in ihrer Farbe auf das Bild ziehen – oder von dir ziehen lassen.
- Nun ergänzen die Teilnehmenden ihre Wahl auf der Tonspur.

Methodische Inspirationsansätze:

- Bilder und Symbole.

Was mir richtig gut gefällt:

- Es fällt den Teilnehmenden leichter, ihre Emotionen zu benennen, wenn sie hier die Unterstützung eines Bildmotivs haben. Sie können dann auch leichter für sich festmachen, ob sie beispielsweise wütend oder eher enttäuscht sind.

- Durch die bildliche Darstellung der Emotionen wird jede einzelne Befindlichkeit auch für die anderen Teilnehmenden präsenter. Es fällt leichter, Verständnis und Empathie zu entwickeln.

Darauf solltest du achten:

- Um über persönliche Befindlichkeiten zu sprechen, braucht es einen Safe Space. Deshalb achte darauf, dass mit diesen geteilten Befindlichkeiten auch respektvoll umgegangen wird.

9.3 Check-in mit Song- und Filmtiteln

Auf den Punkt gebracht | Auch hier drücken die Teilnehmenden ihre persönlichen Befindlichkeiten in Form einer Analogie aus. Allerdings wird diesmal ein zur Stimmung passender Song- oder Filmtitel gesucht.

Hierfür ist die Methode geeignet | Einstieg in die virtuelle Moderation. Thematisierung persönlicher Befindlichkeiten, um den wichtigen Faktor »Nähe« in den virtuellen Raum zu transferieren.

Setting:

- Alle in einem Raum. Mikros für Stillarbeit aus. Danach an.

So gehst du vor:

- Wenn du mit einem Kollaborationsboard arbeitest, bereite zu Beginn ein Check-in-Board vor. Für alle Teilnehmenden gibt es ein Namenskärtchen und daneben einen leeren virtuellen Klebezettel. Visualisiere dann auf dem Board die Aufgabenstellung. Diese könnte beispielsweise lauten: Ergänze den Satz: »Wenn deine Stimmung ein Song oder ein Film wäre, wäre es ... und schreibe den Titel in das vorbereitete Kästchen.«

- Wenn du ohne Kollaborationsboard arbeitest, bereitest du die nahezu identische Seite vor. Allerdings werden die Teilnehmenden im Arbeitsauftrag darauf hingewiesen, dass sie ihre Antworten in den Chat schreiben sollen. Dann kannst du diese übertragen.
- Gib den Teilnehmenden etwas Zeit, um sich in Ruhe Gedanken zu machen.
- Nachdem alle ihre Titel auf das Board beziehungsweise in den Chat geschrieben haben, ergänzen die Teilnehmenden ihre Antwort noch auf der Tonspur.
- Du kannst die Aufgabe noch ergänzen, indem du die Teilnehmenden die entsprechenden Songs oder Titelmelodien auf dem Smartphone suchen – und dann vorspielen lässt.

Methodische Inspirationsansätze:

- Musik als Symbol.

Was mir richtig gut gefällt:

- Song- und Filmtitel sind häufig mit jeder Menge Emotionen verbunden. Deshalb funktioniert es auch richtig gut, über diese Analogie die eigene Befindlichkeit für die anderen Teilnehmenden nachvollziehbar zu beschreiben oder sie die Musik sogar hören zu lassen.

Darauf solltest du achten:

- Aus meiner Erfahrung als Teilnehmerin dieses Check-ins kann ich bestätigen, dass ich bislang immer etwas Passendes gefunden habe. Allerdings brauche ich dafür durchaus einen Moment. Na ja – manchmal auch zwei. Deshalb würde ich den Zeitansatz hier immer etwas großzügiger wählen als bei der oben beschriebenen Bild-Analogie – oder du bereitest einen vielfältigen Pool an Songs zur Auswahl vor.
- Für mich ist der Check-in mit Song- oder Filmtitel eine gute Abwechslung für Teilnehmende, die schon etwas affin darin sind, sich in Analogien auszudrücken. Deshalb achte darauf, dass du bei der Auswahl der Methode immer deine Zielgruppe vor Augen hast.

- Um über persönliche Befindlichkeiten zu sprechen, braucht es einen Safe Space. Deshalb achte darauf, dass mit diesen geteilten Befindlichkeiten auch respektvoll umgegangen wird.

9.4 Check-in-Fragen für Turborunden

Auf den Punkt gebracht | Im Turbo-Check-in bauen die Teilnehmenden durch drei bis vier kurze Fragen oder Satzergänzungen auf der Tonspur Nähe auf. Sie benennen die Person, die als nächstes dran ist.

Hierfür ist die Methode geeignet | Check-in auf der Tonspur zum Einstieg in kürzere Meetings.

Setting:

- Alle in einem Raum. Mikros an.

So gehst du vor:

- Du leitest den Check-in ein, indem du drei oder vier Fragestellungen oder Satzergänzungen vorgibst und gleich selbst mit deinem eigenen Einchecken den Anfang machst. Wichtig ist, dass eine deiner Fragen die Befindlichkeit thematisiert. Also im Sinne von »Mir geht's heute...«, »ich bin heute in ... Stimmung«. Danach sollten sich zwei bis drei Fragen anschließen, die sympathisch persönlich sind (ohne zu privat zu werden) und/oder sich auf das Meeting selbst beziehen.
  Hier ein paar Inspirationen: »Wenn ich aus dem Fenster schaue, sehe ich ...«, »Mein erstes Meeting-Getränk ist ...«, »Diesen Gegenstand in meinem Sichtfeld würdet ihr hier möglicherweise nicht erwarten... «, »Mein Wochenende in drei Worten ...«, »Was mir für unser Meeting am Herzen liegt ...«, »Auf was ich mich jetzt im Meeting freue ...«, »Was im Meeting unter keinen Umständen passieren darf ...«
- Nachdem du den Anfang gemacht hast, gibst du »den virtuellen Ball« weiter, das heißt, du benennst die Person, die nach dir drankommen soll. So geht es weiter, bis alle durch sind.

- Idee für Regelmeetings: Bei jedem Meeting gibt eine andere Person die Check-in-Fragen vor (und bestimmt dann, wer beim nächsten Mal dran ist).

Methodische Inspirationsansätze:
- Überraschende Fragen gegebenenfalls Perspektivwechsel.

Was mir richtig gut gefällt:
- Gleich zu Beginn hat jede und jeder bereits einmal das Wort und wird von allen gehört und gesehen.
- Diese sympathische Einstiegsrunde im Turbo-Stil bringt eine lockere und gleichzeitig persönliche Atmosphäre in den virtuellen Raum.
- Durch die kurz gehaltenen Satzergänzungen passt die Turborunde auch in zeitlich knapp bemessene Meeting-Settings.

Darauf solltest du achten:
- Die Fragen sollten immer sympathisch und respektvoll gewählt und formuliert sein.
- Achte darauf, dass beim »virtuellen Ballzuwerfen« niemand vergessen wird.

9.5 Ideen wie Sand am Meer mit der 6-3-5-Methode

Auf den Punkt gebracht | Die Teilnehmenden generieren in sechs Runden à fünf Minuten jeweils drei Ideen. Nach jeder Runde wird das Board gewechselt und die Teilnehmenden bauen auf den Antworten der anderen auf.

Hierfür ist die Methode geeignet | Ideensammlung.

Setting:
- Alle in einem Raum. Mikros aus.

So gehst du vor:

- Du bereitest für alle Teilnehmenden einzeln ein Board respektive eine PowerPoint-Folie vor. Wenn du mit einem Kollaborationsboard arbeitest, sollten diese sechs Einzel-Boards nebeneinander angeordnet sein. Auf jedem Board beziehungsweise jeder PowerPoint-Folie steht oben der Name der Person, die hier startet. Und natürlich die visualisierte Aufgabenstellung.
- Auf diesen Seiten finden sich jeweils achtzehn leere virtuelle Klebezettel. Und zwar immer drei nebeneinander und sechs untereinander.
- Zur besseren Übersicht sollten alle Teilnehmenden immer virtuelle Klebezettel in ihrer eigenen Farbe haben. Idealerweise nutzt du diese Farbgebung schon beim Namenskästchen oben auf dem Board oder der Folie.
- Dann geht's los: Alle Teilnehmenden haben fünf Minuten Zeit, um sich zu der gestellten Frage drei Lösungen zu überlegen und diese auf die Zettel auf dem Board oder die Kästchen auf der PowerPoint-Folie zu schreiben.
- Nach fünf Minuten wird gewechselt. Und hier ist es entscheidend, dass alle Teilnehmenden genau wissen, was sie jetzt tun müssen, um in Runde zwei an der richtigen Seite weiterarbeiten zu können.
- Auf dem Kollaborationsboard gehen die Teilnehmenden ein Board weiter nach rechts. Die letzte Person in der Reihe wechselt ganz nach links zum ersten Board.
- Arbeitest du mit PowerPoint, gilt es jetzt die Dokumente weiterzuschicken. Auch hier ist es ganz entscheidend, dass alle ganz genau wissen, wohin sie das Dokument schicken sollen.
- Wenn du jetzt noch mit Farben gearbeitet hast, sieht die Person sofort, dass sie hier richtig ist. Habe ich ein pinkfarbenes Namensschild auf dem Board, finden sich meine drei pinkfarbenen virtuellen Klebezettel in Runde eins in Reihe eins, in Runde zwei in Reihe zwei, in Runde drei in Reihe drei und so weiter. Nach Runde sechs gehen alle zu ihrem Ausgangsboard zurück.
- Nun folgt die Auswertung der Boards respektive der Folien.
- Hierzu widmen sich die Teilnehmenden ihrem Startboard und schauen, was aus ihren Ursprungsideen entstanden ist.

- Danach werden die Favoriten auf ein Ergebnisboard oder eine Ergebnisseite zusammengefügt.
- Du kannst die Teilnehmenden zunächst von ihrem eigenen Board beispielsweise drei Favoriten auswählen lassen und ihnen dann noch einmal fünf Minuten Zeit geben, um sich die anderen Ergebnisse anzuschauen. Sticht hier eine Idee besonders hervor, die bislang noch nicht ausgewählt wurde, darf diese ebenfalls noch mit auf das Ergebnisboard.
- Die Ideen nach kreativen Einheiten sind meist ganz unterschiedlich in ihrer konkreten oder innovativen Ausprägung. Deshalb empfiehlt es sich, sie zunächst beispielsweise anhand des Modells NOW! WOW! HOW! CIAO! oder des Ideentrichters zu bewerten und anschließend weiterzubearbeiten.

Methodische Inspirationsansätze:

- Brainwriting.

Was mir richtig gut gefällt:

- Es ist phänomenal, wie viele Ideen in so kurzer Zeit entstehen!
- Die komplett pragmatische Lösung, wenn du ohne Kollaborationsboard arbeiten musst: Die drei Ideen direkt in die Mail schreiben. Idealerweise lassen die Teilnehmenden ihre Signatur weg und schreiben ihre neuen Ideen jeweils direkt unter die drei Ideen, die sie geschickt bekommen haben. Wenn du hierfür die Chat-Funktion nutzen möchtest, ist daran zu denken, dass die Chatnachricht an die Person direkt geht – und alle bis dahin entstandenen Antworten auch kopiert und mitgeschickt werden. Dann funktioniert auch der Effekt des Brainwritings.
- Gerade mit Unterstützung von Kollaborationsboards ist die 6-3-5-Methode eine Kreativitätstechnik, die im virtuellen Raum hervorragend funktioniert. Aus diesem Grund habe ich sie auch in den Bereich der virtuellen Methoden genommen. Selbstverständlich kannst du sie aber auch genauso in Präsenzmeetings nutzen. Dann statte deine Teilnehmenden mit Blättern oder Klemmbrettern aus, auf die die achtzehn Klebezettel bereits aufgebracht sind.

Darauf solltest du achten:

- Die sechs Teilnehmenden, die Teil der Namensgebung der Methode sind, sind die Idealbesetzung für diese Art der Ideenfindung. Aber wenn es eben nur vier oder fünf Teilnehmende sind, werden dennoch jede Menge interessanter Ergebnisse entstehen! Mehr als sechs Runden würde ich nicht empfehlen. Denn irgendwann ist die Methode ausgereizt und die Konzentration in gleichem Maße.
- Ist die Gruppe größer, nutze einfach zwei parallel laufende Runden.
- Damit die Methode gut funktioniert, ist es wichtig, es den Teilnehmenden so einfach wie möglich zu machen. Niemand sollte sich auf dem Kollaborationsboard verirren oder keinen Plan haben, an welche Person die Seite/Folie als nächstes geschickt werden soll. Deshalb die Boards und Folien immer mit Namen versehen und allen ihre eigene Farbe zuordnen.

9.6 Input transferieren mit dem EVA-Dreiklang

Auf den Punkt gebracht | Fachlichen oder strategischen Input in Kleingruppen nachbereiten, anhand von vorbereiteten Reflexionsfragen verstehen, auf eigenen Kontext oder Teamkontext übertragen und To-dos ableiten.

Hierfür ist die Methode geeignet | Verständnis nach einem Input sicherstellen, individueller Praxistransfer.

Setting:

- Nach der Anmoderation Breakout-Sessions. Mikros an.

So gehst du vor:

- Du entwickelst drei Reflexionsfragen nach dem EVA-Dreiklang: Erkennen, Verstehen, Agieren. Mit diesen Fragen sollen die Teilnehmenden die Kernaussagen eines Vortrages oder einer Präsentation erkennen, die Bedeutung dieser Botschaften für den eigenen Kontext verstehen und

durch die Erarbeitung von entsprechenden To-dos dann ins Agieren kommen. Hier einige Beispiele für Reflexionsfragen:
Erkennen: »Welches waren für uns die wichtigsten Kernbotschaften?«
Verstehen: »Was bedeuten diese Botschaften für unsere Arbeit?«
»Gibt es etwas, das uns daran hindert, dieses neue Vorgehen/die neue Technik/den neuen Prozess direkt in unseren Arbeitsalltag zu integrieren – und wie können wir dem begegnen?«
Agieren: »Wie können ganz konkret wir dazu beitragen, die neue Strategie mit Leben zu füllen?«, »Wie können wir nachhalten, dass wir die neue Strategie/Vorgehensweise/Technik auch dauerhaft in unsere Arbeit integrieren?«

- Bereite für jede Kleingruppe ein eigenes Board oder eine eigene PowerPoint-Folie mit den von dir entwickelten Fragen vor. Idealerweise in Spalten oder Feldern aufgeteilt.
- Du ergänzt neben der Fragestellung auch die Zeit, die die Teilnehmenden zur Verfügung haben.
- Nach der Anmoderation im Plenum teilst du die Teilnehmenden in Gruppen von drei bis vier Personen. In Breakout-Räumen tauschen sie sich zu den Fragen aus und schreiben die Antworten direkt auf das Board/die Seite. Im PowerPoint-Fall achte darauf, dass der Bildschirm geteilt wird, sodass alle das Dokument und somit auch die bereits gegebenen Antworten vor Augen haben.
- Danach folgen die Kurzpräsentationen der Gruppen im Plenum.
- Eventuelle offene Fragen der einzelnen Gruppen werden wenn möglich geklärt. Ist dies nicht möglich, wird vereinbart, wer sich diesbezüglich kümmert.
- Je nachdem, ob die Reflexion als Praxistransfer für die Einzelnen oder als Vorbereitung für die Ausarbeitung von Team To-dos gedacht ist, schließt sich im Falle der Maßnahmen fürs Team eine Weiterbearbeitung der Ergebnisse an.

Methodische Inspirationsansätze:

- Reflexionsfragen (nicht separat aufgeführt).

Was mir richtig gut gefällt:

- Alle rufen immer nach Input. Doch was nützt der interessanteste Fachbeitrag, wenn er nicht bei den Einzelnen ankommt. Was nützt die rhetorisch ausgefeilte Ansprache des Vorstands, wenn die Mitarbeitenden sie nicht auf den eigenen Kontext übertragen können. Der EVA-Dreiklang verdeutlicht, dass es mehr als die reine Botschaft braucht, um Neues auch tatsächlich in die Praxis umsetzen zu können und bietet eine wertvolle Hilfestellung auf dem Weg dorthin.
- Der EVA-Dreiklang kann im Rahmen des eigenen virtuellen Meetings genutzt werden, um Fachinput oder eine strategische Botschaft der Führungskraft zu reflektieren. Er eignet sich aber auch hervorragend, um nach größeren Präsentationen, beispielsweise im Rahmen eines Townhall-Meetings, ein EVA-Meeting anzuschließen.
- Durch die konkrete Formulierung von Reflexionsfragen und der expliziten Aufgabe, die Antworten auch zu notieren und zu präsentieren, ist sichergestellt, dass die Teilnehmenden auch wirklich aktiv und konkret den Weg in den Praxistransfer beschreiten und nicht einfach »nur darüber reden«.
- Gerade bei Inputs, die in der virtuellen Welt präsentiert werden ist diese Extraschleife hin zum persönlichen Praxistransfer besonders wichtig! Auf Konferenzen oder Betriebsversammlungen in der realen Welt hat man zumindest auf informeller Ebene noch die Chance, sich mit den Kolleginnen und Kollegen auszutauschen. Wobei ich zugeben muss, dass mir diese vage Aussicht zu wenig ist. Deshalb gibt's bei Konferenzformaten, die ich aufrufe, auch immer die sogenannten Table Talks, die genau nach dem EVA-Dreiklang funktionieren und auf diese Weise auch einen konkreten, umsetzbaren Nutzen ermöglichen.

Darauf solltest du achten:

- Die Teilnehmenden haben ja innerhalb eines Zeitfensters an drei Schritten zu arbeiten. Aus diesem Grund ist es wichtig, dass sie bezüglich der verbleibenden Zeit immer im Bilde sind. Du kannst – sofern verfügbar – hierfür den Timer auf dem Kollaborationsboard nutzen. Oder die Gruppen arbeiten mit Timekeepern.

9.7 Erfolgstorys lassen Kompetenzen sichtbar werden

Auf den Punkt gebracht | Kleingruppen teilen in Breakout-Räumen zu einem zu bearbeitenden Thema Erfolgsstorys, die sie tatsächlich so erlebt haben. Die beste kommt ins Plenum mit visualisiertem Symbol.

Hierfür ist die Methode geeignet | Vergegenwärtigung und Emotionalisierung von Kompetenzen im Team.

Setting:

- Nach der Anmoderation Mikros aus für die Stillarbeit. Dann Breakout-Sessions. Mikros an.

So gehst du vor:

- Du visualisierst die Frage- und Aufgabenstellung inklusive Zeitangabe auf dem Kollaborationsboard oder einer Präsentationsseite. Diese könnte – je nach Themenstellung – beispielsweise lauten:
  »Schildert eine wahre Situation, ...
  ... in der ihr eine Kundin oder einen Kunden überrascht und völlig begeistert habt.«
  ... in der euch eine Kollegin oder ein Kollege durch außergewöhnlichen Einsatz aus der Patsche geholfen hat.«
  ... in der du zum Thema XY über dich selbst hinausgewachsen bist.«
- Die Teilnehmenden haben zunächst zwei Minuten Zeit, um in der Stille in ihren Schatzkästchen nach einer passenden Situation zu suchen. Je emotionaler, desto besser.
- Du teilst die Gruppe in Teams von drei bis vier Personen und schickst sie mit der Aufgabe in Breakout-Räume.
- Die Teilnehmenden erzählen reihum ihre Geschichte. Es wird die prägnanteste ausgewählt. Für diese wird nun ein passendes Symbol als Bild gesucht.

- Im Anschluss werden im Plenum die ausgewählten Geschichten geteilt und das Symbol vorgestellt.
- Dieses Symbol wird entweder von den Teilnehmenden selbst auf das Ergebnisboard gezogen oder von dir im Nachgang auf die PowerPoint-Folie gestellt, nachdem es dir die Teilnehmenden zugeschickt haben. Die Symbole helfen dabei, auch im Nachgang noch alle Geschichten parat zu haben.

Methodische Inspirationsansätze:
- Eigenes Schatzkästchen.

Was mir richtig gut gefällt:
- Es sind alle Teilnehmenden integriert und kommen mit ihrer eigenen Geschichte zu Wort. Und hab keine Sorge, es wird jeder und jedem eine entsprechende Situation einfallen.
- Die Geschichten bleiben durch die Emotionalität besser und eindrücklicher in Erinnerung als eine Auflistung von Kompetenzen.
- Das Symbol dient im Nachgang als Erinnerungsanker.
- Der Anspruch der ausgewogenen Redeanteile wird in dieser Aufgabe richtig gut erfüllt. Es kommen alle zu Wort und doch wird die Zeit hierfür nicht gesprengt, da die Geschichten ja nicht komplett von allen, mit allen geteilt werden.

Darauf solltest du achten:
- Transparenz über die verbleibende Zeit – damit auch wirklich alle genug Zeit haben, ihre Geschichte zu teilen.

9.8 Maßnahmen-Check inspiriert von Walt Disney

Auf den Punkt gebracht | Lösungsansätze werden separiert aus zwei Perspektiven betrachtet: 1. Potenzial und 2. Stolpersteine. Übersteigt das Potenzial die Stolpersteine, folgt die Planung unter Beachtung beider Punkte.

Hierfür ist die Methode geeignet | Lösungsansätze und Maßnahmen einschätzen und ihre konkrete Umsetzung planen.

Setting:

- Je nach Anzahl der zu bearbeitenden Maßnahmen alle in einem Raum oder nach der Anmoderation aufgeteilt in Breakout-Räume. Mikros an.

So gehst du vor:

- Du bereitest für jede, in vorhergehenden Moderationsschritten erarbeitete Maßnahme ein eigenes Board oder eine eigene PowerPoint-Folie vor. Oben auf der Seite steht die zu bewertende beziehungsweise zu planende Maßnahme. Darunter bereitest du eine vierspaltige Tabelle vor. Die linke Spalte für das Potenzial, die zweite für die Stolpersteine, die dritte für die konkreten Umsetzungsschritte und die rechte Spalte für die zuständigen Person und die Termine, bis zu denen die ersten Schritte erfolgen sollen.
- Je nach Anzahl der Maßnahmen teilst du die Gruppe in Breakout-Räume.
- Die Folien sollten so vorbereitet sein, dass zunächst nur die Überschrift der ersten Spalte zu sehen ist.
- Inspiriert von der Walt-Disney-Methode geht es bei diesem Bewertungs- und Planungstool darum, die Potenziale, die Stolpersteine und die Umsetzungsschritte zu separieren. Dies verhindert frustrierendes »Im-Kreis-Reden«, bringt stattdessen Transparenz und Klarheit und schenkt jeder Perspektive die ihr zustehende Bedeutung.
- Du moderierst diese drei Schritte dann auch separiert und betonst die Wichtigkeit, sich auf die jeweilige Perspektive zu konzentrieren.
- Hierzu holst du die Kleingruppen immer kurz zurück ins Plenum.

- Die Teilnehmenden sammeln zunächst die Potenziale. Du ermunterst sie hierzu zum Beispiel mit folgenden Fragen: »Wenn wir uns jetzt zunächst auf die Potenziale dieser Maßnahme konzentrieren – was wäre durch die Umsetzung dieser Maßnahme möglich, welche positiven Auswirkungen wären spürbar?« Die Antworten werden notiert.
- Sind alle positiven Aspekte genannt, geht es weiter zur nächsten Spalte. Jetzt wird die Überschrift »Stolpersteine« aufgedeckt. Dann werden die Hürden gemeinsam gesammelt. Beispielsweise mit folgender Fragestellung: »Welche konkreten Stolpersteine und Hindernisse könnten auftauchen, wenn ihr direkt in die Umsetzung dieser Maßnahme einsteigen würdet?« Auch diese Antworten werden aufgeschrieben.
- Sind sehr viele Hürden aufgetaucht, sollte in einem Zwischenschritt gemeinsam geschaut werden, ob die angedachte Maßnahme überhaupt noch attraktiv ist, oder ob die Hürden bei Licht betrachtet überwiegen, sodass die Sinnhaftigkeit dieser Maßnahme noch einmal überdacht werden sollte.
- Überwiegen die Potenziale, geht es darum, die Maßnahme so zu konkretisieren oder anzupassen, dass die Potenziale (zumindest zu einem Großteil) genutzt und gleichzeitig die Stolpersteine ausgeräumt werden können.
- In der nächsten Spalte »konkrete Umsetzungsschritte« geht es darum, die Umsetzung der Maßnahme unter Berücksichtigung der Potenziale und der Stolpersteine zu planen. Zeitgleich mit der Spalte drei deckst du auch gleich die Spalte vier auf. So kannst du zu jedem Planungsschritt auch gleich die hierfür verantwortliche Person und die Terminierung festhalten.

Methodische Inspirationsansätze:

- Gedanklicher Perspektivwechsel.

Was mir richtig gut gefällt:

- Die Walt-Disney-Methode kann für große Vorhaben genutzt werden, um diese in entsprechend ausführlichen Moderationssequenzen aus verschiedenen Perspektiven zu betrachten und in die konkrete Planung zu überführen. Dieses große Potenzial bedeutet aber nicht, dass man die Idee hinter der Methode nicht auch für vermeintlich kleinere und alltäglichere Themen anwenden und nutzen kann!
- Durch die separierte Betrachtungsweise wird das Knäuel im Kopf rund um das Für und Wider einer Maßnahme entwirrt. Das steigert nicht nur die Umsetzungschance der Maßnahme, sondern auch die Effizienz des Meetings!
- Apropos Umsetzungschance: Es landen leider immer wieder Maßnahmen in Aktionsplänen, deren Umsetzung dann lange auf sich warten lässt oder am Ende doch komplett versandet. Das liegt mitunter daran, dass es sich mit den Maßnahmen am Ende eines Meetings oder Workshops oft verhält wie mit den Vorsätzen zu Silvester. Sie klingen attraktiv, sie klingen vernünftig und die Rechnung wird immer ohne die Herausforderungen des Alltags gemacht.

  Die separate Betrachtung der einzelnen Perspektiven ermöglicht zum einen das Aussortieren vermeintlich vielversprechender Maßnahmen, bei denen unterm Strich allerdings die Hürden überwiegen. Zum anderen – und da kann sich das Besondere dieser Methode so richtig entfalten – steigt durch diese Betrachtung die Wahrscheinlichkeit, dass die Maßnahme auch tatsächlich im richtigen Leben ankommt, immens. Denn sobald die Hürden der praktischen Umsetzung antizipiert werden, können sie direkt in der Umsetzungsplanung berücksichtigt werden. Vielleicht verändert sich dadurch sogar die Ausprägung der Maßnahme ein wenig, aber das Herzstück der Maßnahme hat eine realistische Chance, auch tatsächlich umgesetzt zu werden.

Darauf solltest du achten:

- Die Separierung gelingt besser, wenn sich die Teilnehmenden gedanklich noch nicht mit dem nächsten Schritt beschäftigen. Deshalb hilft das Abdecken der nächsten Schritte dabei, den Fokus auf der aktuellen Perspektive zu halten. Arbeiten die Teilnehmenden am Laptop, ermuntere sie, sich für jeden Schritt ein neues Arbeitssetting zu suchen.
- Die Vorbehalte der Teilnehmenden, am Ende des Meetings die Maßnahmen noch einmal einzeln zu betrachten, könnte auf Vorbehalte stoßen. Häufig drängt die Zeit am Ende des Meetings und alle müssen weiter zum nächsten Termin. Deshalb achte darauf, dass du für diese wichtige Extra-Schleife von Anfang an genügend Zeit einplanst.

10.
Format-Inspirationen für modernes Arbeiten

10.1 Veränderung braucht Inspiration und Ausdauer

Um den Anspruch, Zusammenarbeit neu zu gestalten und die Mitarbeitenden mit ihren Expertisen, Ideen und Bedürfnissen in die Lösungsfindung zu integrieren auch tatsächlich mit Leben zu füllen, braucht es zündende Ideen und einen langen Atem. Diesen wünsche ich dir! Und vergiss dabei nicht, kleinere und größere Erfolge wahrzunehmen und zu feiern! Das hilft beim Dranbleiben und macht Mut, noch mehr Neues auszuprobieren! Ich freue mich, wenn du immer mehr Spaß dabei empfindest, Meetings und Workshops zielführend und mit inspirierenden Tools gespickt zu planen und dann on- oder offline durchzuführen.

Neben den Gelegenheiten, die du jetzt schon zur Moderation nutzt, gibt es ja vielleicht auch Themen und Anlässe, die in deinem Umfeld noch nicht partizipativ umgesetzt werden. Nachfolgend möchte ich dir einige Formate vorstellen, bei denen es einerseits darum geht, bestimmte Themen wie beispielsweise die Zusammenarbeit in den eigenen Teammeetings, die Reflexion von Veränderungen im Team oder das Onboarding neuer Kolleginnen und Kollegen zu gestalten. Darüber hinaus lernst du auch Formate kennen, bei denen das Voneinander-Lernen im Fokus steht. Und das nicht nur im kleinen Kreis des eigenen Teams, sondern auch unternehmensweit.

Die methodische Vorgehensweise ist hierbei nicht zwanghaft an die Themensetzung gebunden. Es sind einfach Beispiele, die du auch jederzeit methodisch auf andere Weise umsetzen kannst. Und das funktioniert in beide Richtungen. Du kannst dich einerseits von den Methoden inspirieren lassen und sie für andere Themen und Settings nutzen – und du kannst die Themen und Settings auch mit einer anderen methodischen Vorgehensweise partizipativ gestalten.

Ein Hinweis zu den Rahmenbedingungen: Bei einigen größeren Format-Inspirationen, die ich dir im Anschluss vorstelle, braucht es einen Kopf, der die Initiative ergreift und die Organisation übernimmt. Vielleicht bist du ja genau die Person, die dies tatsächlich anstoßen kann. Oder du kannst mit der Idee direkt an die entsprechende Stelle – zum Beispiel die HR-Abteilung – gehen. Ich bin überzeugt, dass der Bedarf an interaktiven Formaten für neues Zusammenarbeiten immens ist! Und wer weiß – vielleicht sind die verantwortlichen Stellen im Unternehmen ja dankbar für die eine oder andere Idee.

Und darüber hinaus sind alle Formate einfach nur Formate, die nur darauf warten, weitergedacht und an deine individuellen Anforderungen angepasst zu werden! Die Idee hinter dem Inspirations-Frühstück gleich im Anschluss ist es, ein Format zu etablieren, welches einen unternehmensweiten Austausch ermöglicht. Und es darf dich jederzeit dazu inspirieren, die Grundidee so zu adaptieren, dass daraus für dich in deinem persönlichen Setting eine passende Lösung entsteht. Fühl dich also eingeladen, dein ganz persönliches Ding draus zu machen!

10.2 Inspirations-Frühstück

Das Setting Auf den Punkt gebracht | Regelmäßig wird im Unternehmen zum einstündigen Frühstücks-Erfahrungsaustausch eingeladen. Die Themen sollen breit gefächert sein und viele Mitarbeitenden ansprechen.

Rahmenbedingungen:

- Es braucht für die Organisation eines solch unternehmensweiten Formates auch eine zentrale Stelle im Unternehmen. Hier müssen die organisatorischen Rahmenbedingungen abgestimmt und die Inhalte gesetzt werden. Auch die Kommunikation hat von hier aus zu erfolgen. Bezüglich der Themenfestsetzung ist zu entscheiden, wer diese festlegt und ob die Mitarbeitenden Themenwünsche einbringen können. Genau dies alles sollte aber nicht zum Hemmschuh werden! Keep it simple! Wenn du die Idee cool findest, dann lass dich nicht vom organisatorischen Aufwand abschrecken, sondern überlege, wie denn das Herzstück des Formats so umgesetzt werden könnte, dass es für dich handhabbar wäre!

Und ein ganz pragmatischer Hinweis: Einfache Snacks wie Butterbrezeln eignen sich gut für diese Mischung aus Frühstück und inhaltsorientiertem Austausch.

Das Vorgehen auf den Punkt gebracht | Die Teilnehmenden tauschen sich an Stehtischen in zwei Runden zu zwei Fragen aus und notieren ihre Antworten auf Haftnotizen. Nach Runde 1 werden die Plätze gewechselt. Eine Person bleibt.

Hierfür ist das Format geeignet | Voneinander Lernen zu fachübergreifenden Themen, Netzwerkaufbau. Wichtig: Es geht nicht um ein gemeinsames Ergebnis, sondern den individuellen Benefit der Einzelnen!

So gehst du vor:

- Du formulierst zum Thema des Inspirations-Frühstücks zwei zueinander passende Aufgabenstellungen (zum Beispiel: 1. Welche Vorteile bietet Thema XY und welche Herausforderungen erlebst du bei der Anwendung? 2. Wie kann es gelingen, die Herausforderungen zu meistern und Thema XY in den Business-Alltag zu integrieren?) Du druckst jede Aufgabenstellung einzeln – inklusive der konkreten Arbeitsanweisung – in der Anzahl der zur Verfügung stehenden Stehtische aus.
- Die Stehtische sind vorbereitet mit Konzeptpapier, Haftnotizen und Stiften. Sie sind so angeordnet, dass sie entweder entlang einer Wand oder Fensterfront stehen oder zusätzlich mit Präsentationswänden ausgestattet sind.
- Wenn die Teilnehmenden eintreffen, versorgen sie sich mit ihren Namensschildchen zum Anstecken (selbst zu beschreibende Textilnamensschilder sind auch super) sowie mit Getränken und Snacks und gruppieren sich um die Stehtische.
- Du begrüßt die Teilnehmenden und erklärst kurz das methodische Vorgehen.

- Dann geht's los: Die Teilnehmenden stellen sich in einem Satz an ihren jeweilige Tischen vor. Sie finden eine Person am Tisch, die während beiden Runden – sozusagen als Patin oder Pate – an diesem Stehtisch bleibt (alle anderen wechseln später den Tisch).
- Du moderierst die erste Aufgabenstellung an, teilst sie zusätzlich zum Nachlesen aus und bittest die Teilnehmenden, sich hierzu auszutauschen. Sie können sich auf dem Konzeptpapier hierzu Notizen machen. Nach circa fünfzehn Minuten bittest du sie, jetzt ihre wichtigsten Erkenntnisse gut lesbar auf die Haftnotizen zu schreiben und an die Wände/Fenster neben sich zu kleben. Sie haben hierfür fünf Minuten Zeit.
- Wenn die erste Runde beendet ist, bleiben die Patinnen und Paten an den Tischen. Alle anderen suchen sich einen neuen Tisch. Sie gehen aber nicht als Gesamtgruppe weiter, sondern versuchen, mit komplett anderen Personen in die zweite Runde zu gehen.
- Sind alle angekommen, folgt zunächst wieder eine Kurzvorstellung aller Teilnehmenden.
- Danach gibt es einen Kurzüberblick der Patinnen und Paten, was in der ersten Runde an diesem Tisch entstanden ist.
- Danach beginnt die zweite Runde. Du moderierst die neue Fragestellung an und teilst sie auch noch einmal zum Nachlesen aus.
- Das Vorgehen entspricht dem der ersten Runde. Zunächst tauschen sich die Teilnehmenden zur neuen Fragestellung aus und schreiben auf Konzeptpapier. Sie lassen sich hierbei auch von den Antworten der ersten Runde inspirieren. Nach fünfzehn Minuten einigen sie sich auf die wichtigsten Erkenntnisse und notieren diese auf Haftnotizen.
- Nun gehst du von Tisch zu Tisch und lässt kurz auf der Tonspur die wichtigsten Ergebnisse zusammenfassen.
- Die Teilnehmenden erhalten im Nachgang eine Teilnehmendenliste sowie die abfotografierten Wände als Fotodokumentation.

Methodische Inspirationsansätze:

- Räumlicher Perspektivwechsel,
- Brainwriting.

Was mir richtig gut gefällt:

- Das interaktive Arbeiten in einem fachübergreifenden Setting bürgt ein unglaubliches Lernpotenzial! Schon allein dadurch, dass in einer heterogenen Gruppe automatisch viele Perspektiven an einem Tisch sind. Verstärkt wird dieser Effekt durch den Platzwechsel in Runde zwei.
- Neben allem Inhaltlichen ist solch ein interaktives Format mit wechselnden Gruppen eine wunderbare Möglichkeit, das eigene Netzwerk zu vergrößern. Und wenn man mit einer bis dato unbekannten Person einmal an einem Thema zusammenarbeitet, findet der Kontakt auf einer ganz anderen Ebene statt. Kein Vergleich mit typischem Small Talk.

Darauf solltest du achten:

- Die Arbeitsrunden sind ja recht kurz. Dennoch finde ich es wichtig, dass auch alle wissen, mit wem sie denn gemeinsam am Tisch sind. Die Vorstellung sollte also sehr knapp gehalten werden.

10.3 Moderierter Business-Lunch

Das Setting auf den Punkt gebracht | Im Rahmen von unternehmensweit organisierten einstündigen Mittagessensrunden lernen die Teilnehmenden andere Fachbereiche sowie ihre Themen und Herausforderungen kennen.

Rahmenbedingungen:

- Es braucht auch für dieses unternehmensweite Format eine zentrale Stelle im Unternehmen, die die Organisation übernimmt. Auch die Kommunikation hat von hier aus zu erfolgen. Und wie schon beim Inspirations-Frühstück gilt auch hier: Ein Stück kleiner geht immer! Abteilungsübergreifende Mittagessens-Runden lassen sich auf kleinerer Flamme auch selbst organisieren. Das funktioniert aber nur, wenn eine Person den Anfang macht und andere mit Engagement mit aufspringen.

Das Vorgehen auf den Punkt gebracht | Die Teilnehmenden sitzen in bunter Sitzordnung beim Lunch und tauschen sich zu einer Fragestellung aus. Danach werden die Plätze gewechselt. Der Austausch geht mit einer zweiten Frage weiter.

Hierfür ist das Format geeignet | Voneinander Lernen zu fachübergreifenden Themen, Inspirationen durch neue Perspektiven, Netzwerkaufbau.

So gehst du vor:

- Du überlegst dir eine Möglichkeit, die Teilnehmenden später beim Lunch so zu platzieren, dass sie zufällig eingeteilt werden und nicht automatisch zu den Kolleginnen und Kollegen gehen, die sie bereits kennen.
- Eine Variante ist die Einteilung mit Süßigkeiten. Hierzu besorgst du zum Beispiel kleine Schokotäfelchen in unterschiedlichen Farben. Die Anzahl der Farben entspricht der Anzahl der Tische. Jeder Tisch wird entsprechend farblich gekennzeichnet.
- Beim Ankommen beschriften die Teilnehmenden ein Textilnamensschild mit ihrem Namen. So lässt sich auch im Sitzen gut erkennen, wer mit wem am Mittagstisch sitzt. Dann lässt du die Teilnehmenden eine Süßigkeit auswählen. Sie nehmen an den entsprechenden Tischen Platz.
- Der interaktive Part an den Tischen startet mit einer kurzen Vorstellungsrunde. Hierzu gibst du die Themen vor. Beispielsweise Name, Abteilung, wenn ich nachher wieder am Schreibtisch bin, wartet folgende Aufgabe auf mich ... Was ist meine Motivation, heute beim Business-Lunch dabei zu sein?
- Idealerweise wird nach der ersten Vorstellungsrunde das Essen geholt.
- Nun geht es darum, die Mitarbeitenden so in den Austausch zu bringen, dass sie mehr über die Kolleginnen und Kollegen erfahren und vor allen Dingen fachübergreifend voneinander lernen. Die Frage hierzu könnte lauten: »Welches sind die großen Themen, mit denen ihr euch in euren Teams aktuell beschäftigt? Welche Herausforderungen erlebt ihr hierbei und welche Erfolge konntet ihr schon feiern?«

- Da während der ersten Runde auch gegessen wird, dauert diese etwas länger. Zehn Minuten vor Ende gibst du einen entsprechenden Hinweis.
- Nun folgt die Dessert- und Kaffee-Runde. Die Teilnehmenden suchen sich nach dem Gang zum Kaffeeautomaten einen Platz an einem neuen Tisch.
- Auch die zweite Runde startet wieder mit einer kleinen Vorstellungsrunde.
- Die zweite Runde könnte unter dem Motto stehen: »Was ich schon immer über den Bereich XY wissen wollte.« Die Teilnehmenden befragen die anderen über das, was sie an ihren jeweiligen Fachbereichen und Tätigkeiten interessiert.
- Am Ende gehst du von Tisch zu Tisch und lässt jeweils eine interessante Erkenntnis teilen.
- Damit ist die Mittagsrunde dann auch beendet.

Was mir richtig gut gefällt:

- Durch die Moderationsfragen erreichen die Gespräche sofort eine Tiefe, die weit über Small-Talk-Niveau hinausgeht. Gleichzeitig unterstützt die lockere Lunch-Atmosphäre die Niederschwelligkeit dieses Formates.
- Dank der Zufallseinteilung beim Ankommen und des weiteren Platzwechsels zum Dessert, kommen die Teilnehmenden mit vielen Kolleginnen und Kollegen, die sie bislang noch nicht näher kannten, in den Austausch. Mit solchen Formaten lässt sich das eigene fachübergreifende Netzwerk im Unternehmen super ausbauen.
- Das Business-Lunch-Format kann thematisch nach Herzenslust abgewandelt werden. Hier gilt es lediglich, die Fragen anzupassen. Was du unbedingt beibehalten solltest, folgt direkt im Anschluss.

Darauf solltest du achten:

- Dieses Format lebt von der gleichwohl persönlichen wie lockeren Atmosphäre. Deshalb sind die kurzen Vorstellungsrunden absolut elementar. Die Betonung liegt auf kurz! Hier ist es hilfreich, thematische Vorgaben zu machen.

- Die Zufallseinteilung setzt den typischen Impuls, sich zu Kolleginnen und Kollegen zu setzen, die man bereits kennt, außer Kraft. Deshalb unbedingt darauf achten. Und falls du keine Süßis hast – Kärtchen mit entsprechenden Farben, Symbolen oder Zahlen funktionieren auch.

10.4 Revers-Mentoring-Workshops

Das Setting auf den Punkt gebracht | Es werden im Unternehmen Workshops organisiert, bei denen junge Mitarbeitende moderne Skills oder Themen an Mitarbeitende und Führungskräfte weitergeben, die hier nicht so affin sind.

Rahmenbedingungen:

- Auch hier gilt: Werden die Revers-Mentoring-Workshops unternehmensweit angeboten, braucht es Commitment sowie zentrale Organisation und Kommunikation. Die Idee ins eigene Team zu tragen, ist problemlos möglich, wenn du junge Kolleginnen und Kollegen hast, die hier unterstützen können. Und auch wenn diese ganz einfache Lösung nicht auf der Hand liegt, gibt es Möglichkeiten! Irgendwo im Unternehmen freuen sich immer junge Leute, wenn du sie zu euch ins Team einlädst. Wichtig ist, dass die Erwartungshaltung transparent ist.

Das Vorgehen auf den Punkt gebracht | Zu einem im Vorfeld definierten Thema geben die Nachwuchskräfte Input. Die Teilnehmenden reflektieren und transferieren das Gehörte mithilfe des EVA-Dreiklangs.

Hierfür ist das Format geeignet | (Kennen-)Lernen von modernen Skills und Themen, Vernetzung.

So gehst du vor:

- Bevor es überhaupt in den Workshop geht, erarbeitest du für die referierenden Nachwuchskräfte eine Checkliste zur Vorbereitung auf ihren Impulsvortrag. Hierin sollten folgende Punkte enthalten sein:
  Welches konkrete Thema soll beleuchtet werden?
  Was ist das Besondere an diesem Thema?
  Warum ist es relevant und für wen ist es relevant?
  Welche konkreten Inhalte sind zu vermitteln, damit die Teilnehmenden das Thema verstehen können?
  Welche Konsequenzen befürchtest du für einzelne Mitarbeitende und gegebenenfalls auch das Unternehmen, wenn das Thema keine Beachtung findet?
  Stell dir vor, dir wäre dieses Thema noch nicht vertraut? Welche Vorbehalte oder Umsetzungshürden würdest du dann sehen?
  Und zum Schluss: Welche Begrifflichkeiten kannst du in deinem Vortrag noch verändern, damit auch Teilnehmende anderer Generationen deinen Input gut verstehen können?
- Du sprichst den Inhalt dann noch einmal mit der inputgebenden Nachwuchskraft ab.
- Nun geht's in den Workshop: Du startest den Workshop mit einem Check-in, der bereits den Bogen zum Thema »Lernen« schlägt. So könnte nach dem Einstieg mit Namen, Befindlichkeit et cetera die zum Thema bezogene letzte Frage lauten: »Meine größte Lernkurve hatte ich ...«
- Nun folgt der Input durch die Nachwuchskraft.
- Danach arbeiten die Teilnehmenden in Kleingruppen à zwei oder drei Personen mit Reflexionsfragen nach dem EVA-Dreiklang: Erkennen, Verstehen, Agieren (Kapitel 9.6). Die Fragen hast du im Vorfeld vorbereitet. Sie könnten lauten:
  Erkennen: »Welches waren für uns die wichtigsten Kernbotschaften und welche Verständnisfragen haben wir noch?«
  Verstehen: »Was bedeuten diese Botschaften für unsere Arbeit und was müssen wir an unserem gewohnten Vorgehen verändern?«

»Gibt es etwas, das uns daran hindert, dieses neue Vorgehen/die neue Technik/den neuen Prozess direkt in unseren Arbeitsalltag zu integrieren – und wie können wir dem begegnen?«

Agieren: »Wie können wir das neue Verhalten/Vorgehen einmal ausprobieren?«

»Wie können wir uns gegenseitig unterstützen, um uns gemeinsam weiterzuentwickeln und dranzubleiben?«

- Die Antworten werden auf Klebezetteln in drei unterschiedlichen Farben notiert. Du gibst die Farben vor.
- Sollten mögliche Verständnisfragen von Einzelnen nicht in der Gruppe geklärt werden können, werden diese beantwortet, bevor die Gruppen in die »Verstehens«-Phase einsteigen.
- Die Teilnehmenden stellen ihre erarbeiteten Ergebnisse im Plenum vor.
- Da es sich hier eher um ein Format des individuellen Lernens handelt, werden die Ergebnisse nicht weiterbearbeitet. Die Ergebnisse werden aber abfotografiert und den Teilnehmenden in einem Fotoprotokoll zur Verfügung gestellt.
- Es folgt der Check-out. Hier können zum Beispiel die persönlichen Learnings thematisiert werden.

Was mir richtig gut gefällt:

- Dieses Format ist für mich gelebte Augenhöhe! Dem Lernen von den Nachwuchskräften eine eigene, ernst gemeinte Plattform zu bieten, ist ein wertvoller Baustein auf dem Weg zu einer neuen Form der Zusammenarbeit.
- Wenn es gelingt, ein solches Lernformat unternehmensweit zu etablieren, wird dadurch nicht nur das Lernen allgemein unterstützt. Besonders wertvoll ist für mich auch der Netzwerkaspekt. Auf einmal sind einzelne Mitarbeitende nicht alleine dabei, sich Neuem zu öffnen, sondern sie finden unterstützende Kolleginnen und Kollegen, mit denen sie sich auch bilateral und über das Format hinaus austauschen können.

Darauf solltest du achten:

- Augenhöhe funktioniert nur beidseitig. Den gleichen Respekt, den ältere Mitarbeitende den jungen Kolleginnen und Kollegen entgegenbringen sollen, den braucht's auch andersrum. Es darf nie der Eindruck entstehen, dass alle nur noch dem Neuen huldigen und die älteren Mitarbeitenden nichts mehr wert sind. Werden die Lernwilligen nicht mit Wertschätzung und Respekt behandelt, dann wird's weder was mit dem Lernen – noch mit einer konstruktiven wertschöpfenden Zusammenarbeit.
- Das Format, wie hier beschrieben, ist eher auf Themen ausgelegt, die Verhalten und Vorgehen im Fokus haben. Fühl dich aber immer eingeladen, auch technische Skills in deine Revers-Mentoring-Aktivitäten einzubeziehen. Dazu musst du das Vorgehen anpassen und die Teilnehmenden auch direkt üben lassen.
- Der zu vermittelnde Input lässt sich mit der Check-Liste greifbar machen. Es ist wichtig, dass die jungen Inputgeber sich hierbei immer auch in ihre Zielgruppe hineinversetzen, um nicht vor lauter Begeisterung übers Ziel hinauszuschießen.

10.5 Blick über den Tellerrand inspiriert von der Lean Coffee Methode

Das Setting auf den Punkt gebracht | Beim Blick über den Tellerrand werden aus dem Team Themen eingebracht, die (noch) nicht zum Daily Business gehören, die aber für Branche/Team/Kunden perspektivisch interessant sein können.

Rahmenbedingungen:

- Dieses Format unterstützt ein Team dabei, sich regelmäßig – fernab des Daily Business – mit perspektivisch interessanten Themen zu beschäftigen. Damit der Blick über den Tellerrand nicht zur Eintagsfliege wird, sollte hierfür ein regelmäßiges Setting etabliert werden. Das

Format kann sich beispielsweise an ein monatliches Regelmeeting anschließen. Wichtig ist, dass es auch entsprechend kommuniziert wird. Die Methode lebt davon, dass die Teammitglieder Themen mitbringen und auch Lust darauf haben, sich hierzu auszutauschen.

Das Vorgehen auf den Punkt gebracht | In agendalosem Format werden von den Teilnehmenden Themen eingebracht und kurz vorgestellt. Danach wird abgestimmt, welche Themen interessant sind. Diese werden zeitlich begrenzt diskutiert.

Hierfür ist das Format geeignet | Kennenlernen neuer Themen, fokussierter Austausch zu Fachthemen.

So gehst du vor:

- Erstelle zunächst ein Board mit den drei Spalten

to discuss	discussing	discussed

- Lege ausreichend Haftnotizzettel und Stifte bereit.
- Die Teilnehmenden schreiben nun die Themen, zu denen sie gerne sprechen möchten, jeweils auf einen Klebezettel und hängen diese in die Spalte »to discuss«.
- Danach werden alle Themen mit einem Satz kurz auf der Tonspur vorgestellt.
- Ähnliche Themen werden gegebenenfalls zusammengefasst.
- Danach wird mit der Entscheidungsfrage über die Themen abgestimmt (Kapitel 7.6). Die Teilnehmenden erhalten halb so viele Stimmen wie Themen zur Abstimmung stehen.
- Danach werden die Themen anhand des Votings sortiert.
- Und los geht's mit dem ersten Thema: Der erste Klebezettel rückt in die Spalte »discussing«.

- Der Timer wird auf eine feste Zeit eingestellt. Bei neuen zukunftsgewandten Themen wähle ich ein Zeitfenster von zehn Minuten (in manchen Methodenbeschreibungen sind die Zeitfenster kürzer).
- Ist die Zeit abgelaufen, haben die Teilnehmenden die Möglichkeit, für ein kürzeres Zeitfenster zu verlängern. Hierzu gibt es eine kurze Abfrage mit »Daumen hoch« oder »Daumen runter«.
- Bei weiterem Interesse gibt's noch einmal fünf Minuten.
- Danach ist in diesem Setting Schluss. Es folgt die Frage: »War die Diskussion für dieses Thema so ausreichend oder sehen wir Bedarf, das Thema in einem separaten Meeting zu erörtern?« In diesem Fall wird eine neue Spalte eröffnet und der Klebezettel dort untergebracht.
- Es folgt das nächste Thema.

Anmerkung zur Originalmethode:
Ins Leben gerufen wurde die Methode Lean Coffee 2009 in Seattle von Jim Benson und Jeremy Lightsmith. Die Ursprungsabsicht der beiden war es, sich in einer Gruppe von Interessierten über ein bestimmtes Thema aus dem Bereich Lean-Management auszutauschen. Dabei wollten sie keine Veranstaltung kreieren, die durch großen Organisationsaufwand gekennzeichnet ist. Ihre Absicht war es vielmehr, ein Treffen zu schaffen, welches alleine von den Menschen geprägt ist, die kommen und ebenfalls lernen und sich austauschen möchten. Lean Coffee (tm) ist ein Warenzeichen von Modus Cooperandi.

Was mir richtig gut gefällt:
- Ein wacher, interessierter Blick über den sprichwörtlichen Tellerrand hinaus ist so wichtig, um sich nicht nur im Kreis zu drehen und im eigenen Saft zu schmoren, sondern vielmehr von Neuem inspirieren zu lassen. Deshalb hilft ein wiederkehrendes Format dabei, diesen Anspruch zu institutionalisieren.
- Die dem Lean Coffee entlehnte methodische Vorgehensweise mit dem Fokus auf den Interessen und der Energie der Teilnehmenden bringt Engagement und Dynamik in die Runde. Und dank des Timoboxings hat eine Laberrunde erst gar keine Chance!

Darauf solltest du achten:

- Beim Lean Coffee steht der freie Informations- und Erfahrungsaustausch zu einem Fach- oder Sachthema im Vordergrund! Es geht weder um die Herbeiführung einer Entscheidung zu einem Thema, noch darum, am Ende des Tages mit gemeinsamen Lösungen und konkreten Maßnahmenplänen nach Hause zu gehen. Deshalb sollte es immer um den Austausch und das gegenseitige Lernen gehen, wenn du mit dieser Methode arbeiten möchtest.

10.6 Willkommen an Bord

Das Setting auf den Punkt gebracht | Neue Mitarbeitende im Team werden im Willkommens-Workshop sowohl auf der fachlichen, als auch auf der persönlichen Ebene abgeholt und sind dadurch schneller integriert und arbeitsfähig.

Rahmenbedingungen

- Möglicherweise gibt es zu typischen Einstiegsterminen in eurem Unternehmen ja einen Einführungs- oder Willkommenstag für alle Kolleginnen und Kollegen, die neu im Haus beginnen. Das ist großartig – kann aber das individuelle Integrieren ins Team nicht ersetzen. Ein Teamworkshop, für den sich das ganze Team für ein bis zwei Stunden explizit Zeit nimmt, bietet den neuen Mitarbeitenden einen sehr persönlichen, wertschätzenden Einstieg, der am Ende über die zwischenmenschlichen Aspekte auch viel Effizienz in den Onboarding-Prozess bringt.

Das Vorgehen auf den Punkt gebracht | In interaktiven Schritten lernt das neue Teammitglied die Menschen, Aufgaben und Schnittstellen im Team kennen und kann Fragen artikulieren. Individuelle Einarbeitungstreffen werden initiiert.
Hierfür ist das Format geeignet | Neue Kolleginnen und Kollegen auf persönlicher und fachlicher Ebene abholen und die Einarbeitung erleichtern.

So gehst du vor:

- Nach Begrüßung, Anmoderation und Überblick über den Workshop gibt es einen kurzen Check-in. Beispielsweise:
  »Hallo, ich bin ..., mir geht's heute ... wenn ich mich selbst an meine ersten Tage hier im Unternehmen erinnere ...«
- In der anschließenden Workshop-Runde geht es um das erste Kennenlernen. Es liegen Flipchartbögen, verschiedenfarbige Marker und Haftnotizen bereit.
  Alle Teilnehmenden inklusive Führungskraft und neuer Kollegin beziehungsweise neuem Kollegen haben die Aufgabe, sich selbst auf das Flipchart so zu skizzieren, dass es nicht unbedingt künstlerisch wertvoll sein muss, es aber direkt erkennbar ist, um wen es sich bei der dargestellten Person handelt.
  Zusätzlich werden einerseits private und persönliche Infos (Hobbys, Familie, besondere Eigenschaften, Spleens, et cetera) und andererseits Infos zu fachlichen Aufgaben im Team aufgeschrieben. Nun stellen sich alle Teammitglieder reihum vor. Die Flipcharts werden im Raum aufgehängt und im Anschluss abfotografiert.
- In der zweiten Runde geht es darum, herauszuarbeiten, was alle Einzelnen im Team dazu beitragen können, das neue Teammitglied fachlich gut abzuholen. Hierzu werden thematisch zueinander passende Gruppen eingeteilt. Sie erarbeiten die Themen gemeinsam. Die konkreten Fragestellungen sind individuell auf das Team abzustimmen. Sie könnten beispielsweise so lauten:
  » Wenn wir uns in ... (Name des neuen Teammitglieds) hineinversetzen – welche fachlichen Informationen
  - von einzelnen Teammitgliedern
  - vom Gesamtteam

  würden uns helfen, um schnell loslegen und die neue Aufgabe gut auszufüllen zu können?«
  »Wo sind die Schnittstellen zwischen den einzelnen Personen?«
  »Wie können wir es organisieren, damit ... unsere einzelnen Tätigkeiten gut kennenlernt?«

»Was möchten wir von ... lernen?«
Die Antworten werden auf Haftnotizzettel geschrieben.

- Während der Gruppenarbeit geht das neue Teammitglied an der Vorstellungs-Galerie vorbei und notiert sich, was sie gerne von jedem einzelnen Teammitglied wissen möchte und schreibt dies ebenfalls auf Haftnotizen.
- Die Gruppen präsentieren die Ergebnisse und sortieren sie in ein Cluster ein:

heute	kurzfristig	mittelfristig

- Kurze und einfache Informationen sind möglicherweise schon direkt in den Antworten formuliert (zum Beispiel: »Die wöchentlichen Eintragungen in das XY -System müssen immer schon bis Freitag 12:00 Uhr eingegeben sein, da der bearbeitende Kollege am Freitagnachmittag nicht arbeitet.«)
- Andere Nennungen beschreiben eine noch zu lösende Aufgabe, beispielsweise: »Das neue Teammitglied in den Prozess XY einführen.«)
- Sind alle Antworten in die Cluster eingefügt, stellt das neue Teammitglied seine ebenfalls auf Haftnotizen visualisierten Fragen vor und fügt sie in Absprache mit den anderen in die passende Spalte ein.
- Aus den genannten Antworten wird nun ein konkreter Einarbeitungsplan erarbeitet. Bilaterale Termine werden direkt verabredet.
- Es folgt eine Abschlussrunde, die neben der Vorfreude auf die Zusammenarbeit gerne auch ein sympathisches Schmunzel-Moment enthalten darf. Hierzu werden Satzanfänge vorgegeben. Zum Beispiel: »Ich freue mich im Rahmen unserer Zusammenarbeit besonders auf ...« (hier eine konkrete, positive und persönliche Aussage ergänzen) ... »und auf was du dich bei uns im Team freuen darfst, ist ...« (hier werden positive, freudvolle und auch mal lustige Besonderheiten des Teams ergänzt).

Methodische Inspirationsansätze:

- Gedanklicher Perspektivwechsel.

Was mir richtig gut gefällt:

- Gemeinsam an der Einarbeitung neuer Teammitglieder zu arbeiten, hat eine besondere Qualität. Zum einen decken die unterschiedlichen Perspektiven im Raum auch gedanklich ein breites Spektrum ab, sodass auch nicht ganz so präsente Themen mitgedacht werden. Zum anderen ergeben sich durch die fachliche Vorstellung der einzelnen Teammitglieder direkt Fragen und Anknüpfungspunkte seitens der neuen Kollegin/des neuen Kollegen.
- Die Tiefe des Kennenlernens ist eine ganz andere, wenn sich alle in Ruhe beim Erstellen der Flipcharts Gedanken zur Person und zum Arbeitsgebiet machen und diesem Prozess dann zusätzlich durch die Verschriftlichung und Fotodokumentation entsprechend Bedeutung geschenkt wird. Und ganz praktisch: Das neue Teammitglied kann alle Infos im Nachgang noch einmal nachlesen. Bei einer Vorstellungsrunde auf der Tonspur ist ein Großteil des Gehörten ganz schnell vergessen.
- Ein zweiter Aspekt der Tiefe: durch den interaktiven Workshop-Charakter erleben neue Teammitglieder direkt, welchen Stellenwert Partizipation im Team hat. Und sie spüren ein hohes Maß an Wertschätzung, denn jede und jeder hat sich ausschließlich Zeit für sie genommen.

Darauf solltest du achten:

- Der Erfolg dieses Formats steht und fällt mit dem Engagement aller Teilnehmenden. Wenn sich alle aktiv beteiligen und sich in die Perspektive des neuen Teammitglieds hineinversetzen, gelingt es hervorragend, in kurzer Zeit nicht nur einen individuellen Einarbeitungsplan für eine Person, sondern einen beachtlichen Mehrwert fürs ganze Team zu generieren. Deshalb achte darauf, dass die Teilnehmenden verstehen, dass ihr persönliches Engagement einen Nutzen für das ganze Team hat.

10.7 Veränderungsreflexion mit der Kraftfeldanalyse

Das Setting auf den Punkt gebracht | In speziell hierfür aufgesetzten Reflexionsmeetings außerhalb des Daily Business wird der Status einer Veränderung betrachtet. Daraufhin werden konkrete Maßnahmen abgeleitet.

Rahmenbedingungen:

- Da es sich hierbei um ein Meeting im Team handelt, halten sich die organisatorischen Aufwendungen in Grenzen. Es ist allerdings zu beachten, dass der Fokus des Meetings auf der Veränderungsreflexion liegt und Alltagsthemen hier nichts zu suchen haben. Wenn du die Möglichkeit hast, in einen anderen Meetingraum zu wechseln, ist das ideal. Eine äußerliche Veränderung hilft immer dabei, nicht in gewohnte Muster zurückzufallen.

Das Vorgehen auf den Punkt gebracht | Das Team betrachtet die aktuelle Situation und identifiziert unter Zuhilfenahme der potenziell schlechtesten und besten Situation die Ressourcen und Hemmnisse. Es werden Maßnahmen abgeleitet.

Hierfür ist das Format geeignet | Standortbestimmung in Veränderungsprozessen und Ableitung von Maßnahmen.

Phase 1 – Kraftfeldanalyse – so gehst du vor:

- Du bereitest mithilfe von Haftnotizen fünf nebeneinander stehende Oberbegriffe vor. Dabei verwendest du idealerweise eine Haftzettel-Farbe für Worst Case und Hemmnisse, eine andere für Ressourcen und Best Case und eine dritte für die aktuelle Situation. Passend zu den Farben der Überschriften werden während der Moderation auch die Antworten in der jeweiligen Spalte auf entsprechend farbige Klebezettel geschrieben.

Worst Case	Ressourcen	Aktuelle Situation	Hemmnisse	Best Case

- Zunächst ist nur der mittig angebrachte Zettel »aktuelle Situation« zu sehen. Die anderen vier sind noch verdeckt. Du hast sie also entweder umgedreht (und festgepinnt) oder verdeckst sie durch eine darüber geklebte leere Haftnotiz.
- Nach der Begrüßung und dem Check-in geht es nun an die Reflexion der aktuellen Situation in eurem Veränderungsprozess.
- **Schritt 1: Aktuelle Situation:** Die Teilnehmenden beschreiben die aktuelle Situation, notieren ihre Ergebnisse auf Haftnotizen und bringen diese unter der Überschrift »Aktuelle Situation« an. Ist der Status quo gut erfasst, wird die ganz links angebrachte Überschrift »Worst Case« umgedreht.
- **Schritt 2: Worst Case:** Hier werden die Teilnehmenden eingeladen, sich die schlimmst mögliche Situation auszumalen. Eine einleitende Frage könnte sein: »Wie wäre die Situation, wenn im Veränderungsprozess überhaupt nichts funktionieren, sondern alles gegen die Wand fahren würde?« Ist dieses Worst-Case-Szenario beschrieben und auf Haftnotizen notiert und angebracht, wird die rechte Überschrift »Best Case« umgedreht.
- **Schritt 3: Best Case:** Nun geht es ins genaue Gegenteil: »Wie sieht das Idealszenario dieser Veränderung aus? Beschreibt den Zustand, in dem die Veränderung so gut umgesetzt und gelebt wird, wie ihr euch das fast nicht zu träumen wagen würdet.« Sind auch diese Antworten erfasst und angeheftet, wird die Überschrift »Hemmnisse« links daneben umgedreht.
- **Schritt 4: Hemmnisse:** Die Hemmnisse sind bewusst zwischen der aktuellen und der besten Situation angebracht. Und so lautet dann auch die Frage: »Was hindert euch daran, dass ihr aktuell noch nicht in der best möglichen Situation seid?« Die Antworten werden ebenfalls notiert und angeheftet. Es ist wichtig, dass bei den Hemmnissen selbstreflektierte Antworten kommen, die Schuld also nicht nur im Außen gesucht wird. Ist auch diese Spalte gut befüllt, wird als letztes die Überschrift »Ressourcen« umgedreht.

- **Schritt 5: Ressourcen:** Die verbleibende Kategorie »Ressourcen« ist zwischen der schlechtesten und der aktuellen Situation angeordnet. Und auch hier bezieht sich die Frage auf diese beiden Kategorien: »Welche Ressourcen und Stärken im Team verhindern das Abrutschen in die schlechteste Situation?« Auch diese Antworten werden gesammelt und angepinnt.
- Die Ressourcen und Hemmnisse sind die beiden Kategorien, mit denen nun weitergearbeitet wird. Hierfür werden die beiden Spalten getrennt voneinander mit der Entscheidungsfrage (Kapitel 7.6) bewertet.
- Die Frage für die Kategorie »Hemmnisse« lautet sinngemäß: »Angenommen, wir stellen in einem halben Jahr fest, dass unsere tatsächliche Situation mittlerweile nahezu identisch mit der besten Situation ist. Welche Hemmnisse haben wir dafür in den Griff bekommen? (Das Zeitfenster ist nur ein Beispiel und sollte je nach Situation individuell angepasst werden.)
  Die Teilnehmenden erhalten halb so viele Klebepunkte wie Antworten zur Wahl stehen. Es dürfen maximal zwei Punkte auf eine Antwort geklebt werden. Je nach Kapazität und Gruppengröße werden die zwei bis vier Antworten mit den höchsten Punktezahlen in die weitere Bearbeitung übernommen.
- Die Frage für die Kategorie »Ressourcen« lautet: »Angenommen, wir stellen in einem halben Jahr fest, dass unsere tatsächliche Situation mittlerweile nahezu identisch mit der besten Situation ist. Welche Stärken hatten hieran den größten Anteil?
  Die Teilnehmenden erhalten halb so viele Klebepunkte wie Antworten zur Wahl stehen. Es dürfen maximal zwei Punkte auf eine Antwort geklebt werden.
  Je nach Kapazität und Gruppengröße werden auch hier die zwei bis vier Antworten mit den höchsten Punktezahlen in die weitere Bearbeitung übernommen.

Phase zwei – Weiterbearbeitung der Ergebnisse – so gehst du vor:

- Im nächsten Schritt geht es darum, die herausgearbeiteten Ressourcen und Hindernisse weiterzubearbeiten und in einen Maßnahmenplan zu überführen. Je nach Gruppengröße kannst du parallel an mehreren Themen gleichzeitig arbeiten lassen.
- Die Teilnehmenden werden hierfür in Dreier- oder Vierer-Teams geteilt. Jede Gruppe erhält ein bis zwei Themen. Bei zwei Themen sollte es sich einmal um eine Ressource und einmal um ein Hemmnis handeln.
- Bei der Weiterbearbeitung der priorisierten Themen knüpfst du an die Fragestellung der Entscheidungsfrage an:
  »Angenommen, wir stellen in einem halben Jahr fest, dass unsere tatsächliche Situation mittlerweile nahezu identisch mit der besten Situation ist: Mit welchen konkreten Maßnahmen hätten wir dann unsere Ressource XY so richtig zum Strahlen gebracht?
  Mit welchen konkreten Maßnahmen wäre es uns gelungen, das Hindernis XY nachhaltig in den Griff zu bekommen?
- Nachdem die Antworten gesammelt sind, erhalten die Gruppen noch einmal eine nachgeschobene Frage zum Umsetzungs-Check. Diese hast du zuvor auf einen Zettel geschrieben und ihn der Gruppe in einem Briefkuvert mitgegeben. Dieser darf nun geöffnet werden. Die Frage im Kuvert lautet:
  »Wenn ihr nun mit einem wohlwollenden, kritischen Blick auf eure Antworten schaut: Gibt es Stolpersteine, die euch bei der Umsetzung der gerade erarbeiteten Maßnahmen im Weg liegen könnten? Und falls ja: Wie könnt ihr eure Maßnahmen so anpassen, dass ihr diese Stolpersteine umgehen könnt?«
  Die Maßnahmen werden gegebenenfalls angepasst.
- Die einzelnen Arbeitsgruppen präsentieren ihre Ergebnisse im Plenum.
- Gegebenenfalls werden die Ergebnisse mithilfe einer der in Kapitel 7 beschriebenen Methoden bewertet und ausgewählt.
- Die verabschiedeten Maßnahmen werden dann in einem Maßnahmenplan festgehalten.

Methodische Inspirationsansätze:

- Gedanklicher Perspektivwechsel in mehreren Varianten.

Anmerkung zur Originalmethode:

Unter dem Namen Kraftfeldanalyse finden sich im Internet mehrere Ausprägungen der Methode. Ich selbst nutze die Vorgehensweise, wie sie von Nadia Dörflinger-Khashman ausgearbeitet ist, um Hindernisse und Ressourcen einer Konfliktsituation sichtbar zu machen und Handlungsspielräume auszuloten und habe mich auch in dem hier vorgestellten Format hieran orientiert. (Knapp 2012: 141) Auch wenn ich sie im Konfliktkontext kennengelernt habe, verwende ich diese überaus strukturierte Methode nicht nur in Konfliktsituationen. Für die Reflexion in Veränderungsprozessen finde ich sie perfekt!

Was mir richtig gut gefällt:

- Der Fokus der Kraftfeldanalyse liegt nicht ausschließlich auf den Themen, die nicht funktionieren, sondern nimmt in gleichem Maße die vorhandenen Stärken in Augenschein, um diese weiter zu nutzen und auszubauen. Das nimmt der Aufgabe die Schwere.
- Die klar strukturierte Vorgehensweise gestaltet die doch recht umfassende Methode handhabbar.
- Die Weiterarbeit mit hypothetischen Fragen, die implizieren, dass das Ziel bereits erreicht ist, versetzt die Teilnehmenden in ein ressourcenvolles optimistisches Setting. Aus dieser heraus lassen sich Lösungen nicht nur einfacher finden – es entstehen auch ganz neue Ideen.

Darauf solltest du achten:

- Halte die vorgegebene Reihenfolge beim Anbringen der Überschriftenzettel und Bearbeiten der Kategorien unbedingt ein. Erst so wird es möglich, die für die Weiterbearbeitung wichtigen Hindernisse und Ressourcen zu identifizieren. Damit sich deine Teilnehmenden während jedes Schrittes gut auf die jeweilige Aufgabe konzentrieren können, denke daran, die Überschriften erst dann aufzudecken, wenn die jeweilige Kategorie an der Reihe ist.

- Da die Teilnehmenden während der Weiterbearbeitungsphase auf sich alleine gestellt sind, brauchen sie immer eine klare und vor allen Dingen schriftliche Arbeitsanweisung.
- Um den gedanklichen Perspektivwechsel bei der Weiterbearbeitung der priorisierten Antworten zu unterstützen, ist es hilfreich, die Frage des Realitäts-Checks tatsächlich in einem Kuvert mitzugeben – oder selbst nach einer gewissen Zeit in den Gruppen vorbeizubringen.

10.8 Meeting-Charta mithilfe von Brainstorming paradox erstellen

Das Setting auf den Punkt gebracht | Um im Team ein gemeinsames Verständnis von konstruktiven, sinnstiftenden Meetings zu gewinnen, und sich dementsprechend auf Regeln zu committen wird eine Meeting-Charta erstellt.

Rahmenbedingungen:

- Da die Meeting-Regeln ausschließlich fürs Team entworfen werden, braucht es hier keine größeren Rahmenbedingungen. Wichtig ist, dass die Führungskraft dahintersteht. Sonst ist es vergebene Liebesmüh!

Das Vorgehen auf den Punkt gebracht | Das Meeting-Idealbild wird abgefragt. Die Frage nach dem Weg dorthin wird auf den Kopf gestellt. Relevante Antworten werden selektiert, ins Positive übersetzt und als Regel definiert.

Hierfür ist das Format geeignet | Erarbeitung von Meeting-Regeln mit breitem Commitment.

So gehst du vor:

- Du formulierst zunächst eine Frage, die auf den Idealzustand eurer künftigen Meetings abzielt.

Beispielsweise: »Stellt euch vor, ihr erlebt das perfekte Meeting. Ihr seid sowohl von Inhalt, Ablauf und Outcome als auch von den zwischenmenschlichen Faktoren restlos begeistert – welche drei Adjektive beschreiben euer Idealbild am Treffendsten?« Diese Frage druckst du für alle Teilnehmenden aus.

- Zur Beantwortung der Frage schickst du die Teilnehmenden dann für zehn Minuten in die Natur. Jede und jeder soll sich ganz alleine beim Spazierengehen Gedanken machen und am Ende die drei wichtigsten Adjektive auf Haftnotizen schreiben.
- Die Ergebnisse werden präsentiert. Hierbei ist es hilfreich, die ähnlichen Antworten auf der Präsentationswand zusammenzufügen. Allerdings werden keine Haftnotizen überklebt – selbst wenn sie identisch sein sollten. Alle drei Antworten jeder einzelnen Person sind zu sehen.
- Nun kommt es darauf an, wie viele unterschiedliche Kategorien am Ende herausgekommen sind. Möglicherweise lassen sich die Adjektive in vier bis fünf Kategorien zusammenfassen. Falls es einzelne »Ausreißer« geben sollte, müsste dies noch einmal thematisiert werden.
- Gemeinsam im Team wird dann eine Aussage formuliert: »Wir gestalten unsere Meetings ..., ..., ... und ...!«
- Idealerweise folgt an dieser Stelle die Kaffee- oder Mittagspause.
- Auf dem Weg zu konkreten Regeln, um den gerade erarbeiteten Anspruch in die Tat umsetzen zu können, folgt jetzt eine kurze Extraschleife: Durch eine paradoxe Fragestellung, sollen die Grundlagen der später zu formulierenden Regeln gelegt werden.
- Während der Pause bereitest du die paradoxe Fragestellung vor. Das heißt, du stellst die oben erarbeitete Aussage zum idealen Meeting komplett auf den Kopf. Damit das Ganze auch gut funktioniert und die Ideen sprudeln, wähle eine extreme und übertriebe Negativ-Formulierung und stelle den konkreten Beitrag aller Einzelnen in den Vordergrund. Hier eine Beispielformulierung: »Wie kann jede und jeder von uns konkret dazu beitragen, dass unsere Meetings künftig maximal ineffizient und chaotisch sind und im lautstarken Streit aber ohne Ergebnis auseinander gehen?«

- Bist du zufrieden mit deiner Formulierung, visualisierst du sie.
- Bereite für dich ein Flipchart und Marker sowie eine leere Präsentationswand vor.
- Du stellst deinen Teilnehmenden die Fragestellung vor und lädst sie ein, dir ihre Antworten zuzurufen. Sowie die Antworten sprudeln, schreibst du sie auf das Flipchart. Vorsicht – das kann jetzt echt schnell gehen. Versuche, die Originalzitate zu erfassen. Falls sie richtig lang sind, bitte die Teilnehmenden, die Aussage zu kürzen. Du schreibst so lange, bis der Strom versiegt. Ist das Flipchart-Blatt vollgeschrieben, hängst du es an die bereitstehende Wand und weiter geht's.
- Sind alle Antworten aufgeschrieben, lässt du den Teilnehmenden Zeit, sich alles noch einmal in Ruhe anzusehen. In drei Schritten nähern wir uns nun den neuen Meeting-Regeln.
- Zunächst folgt in Schritt eins die »Trüffelsuche«. Unter einem Trüffel verstehe ich, dass sich in einer vermeintlich negativ formulierten Aussage ein kleinerer oder größerer Funken Wahrheit verbirgt. So könnte beispielsweise die Negativ-Antwort »Wir widmen uns grundsätzlich nur Themen, die für unsere Arbeit komplett irrelevant sind.« den wahren Kern haben, dass einige der typischen Themen nicht alle Teilnehmenden betreffen. Diese beschäftigen sich dann mit anderen Dingen und empfinden das Meeting als nicht produktiv.
- Sind alle Trüffel gefunden, bittest du die Teilnehmenden zunächst, zu prüfen, ob es ähnliche Trüffel gibt, die dann zusammengefasst werden können. Auf diese Weise ist sichergestellt, dass am Ende auch jede Regel eine komplett eigene Aussage beinhaltet.
- Nun folgt Schritt zwei, in dem es darum geht, die gefundenen Wahrheiten in positive Meeting-Regeln umzuformulieren. Dies könnte beim eben genannten Fall beispielsweise zu einer Regel führen, die besagt, dass Themen, die nicht für alle Teilnehmenden relevant sind, an den Schluss des Meetings gelegt werden.
- Im dritten Schritt kommt noch einmal der gemeinsam formulierte Aussagesatz ins Spiel. Du lädst die Teilnehmenden ein, sowohl die Aussage als auch die neuen Regeln anzuschauen. Sollte einer der in der

Aussage genannten Punkte noch nicht durch eine Regel abgedeckt sein, wird hierfür eine zusätzliche Regel entwickelt.

- Im abschließenden Schritt wird erarbeitet, wie das Team die Einhaltung der Regeln nachhalten wird. Hierzu kannst du noch einmal zu einem Perspektivwechsel anregen:
  »Wenn wir jetzt eine erfahrene Moderatorin oder einen erfahrenen Moderator fragen würden, was wir konkret dafür tun können, diese Charta auch tatsächlich mit Leben zu füllen – welche Tipps würden wir bekommen?«
  Dann lässt du die Teilnehmenden zu zweit in Murmelgruppen – das sind kurze Austauschrunden mit der Sitznachbarin oder dem Sitznachbarn – an dieser Fragestellung für zehn Minuten arbeiten und im Anschluss die Tipps präsentieren.
  Das Team einigt sich auf die Tipps, die sie umsetzen möchten. Gegebenenfalls unter Zuhilfenahme der in Kapitel 7 beschriebenen Bewertungs- und Entscheidungsmethoden.
- Jetzt gilt es, nur noch zu klären, mit welcher grafischen oder technischen Umsetzung die Charta erstellt werden soll. Um sowohl den eigenen Anspruch als auch die neuen Regeln immer vor Augen zu haben, empfiehlt es sich, die Charta bei Besprechungen immer im Blickfeld zu haben.

Methodische Inspirationsansätze:

- Gedanklicher Perspektivwechsel,
- örtlicher Perspektivwechsel.
- Bewegung.

Was mir richtig gut gefällt:

- Unproduktive Meetings sind einer der größten Zeitfresser im Businessalltag. Deswegen finde ich es so wichtig, sich dem Thema im Rahmen einer eigenen, extra dafür ausgelegten Veranstaltung intensiv zu widmen und die Mitarbeitenden aktiv mit einzubinden. Denn die Teilnehmenden selbst haben nicht nur gute Ideen, sie tun sich auch leichter damit, Dinge umzusetzen, die sie auch selbst erarbeitet haben. Deswegen nützt es auch gar nichts, Regeln einfach überzustülpen. Wurden sie hingegen selbst erarbeitet, ist damit ein ganz anderes Commitment verbunden.

- Der mehrfache Perspektivwechsel inspiriert die Teilnehmenden dazu, aus ihren gewohnten Denkmustern auszuscheren, um erstens eingeschlichene Defizite zu identifizieren und zweitens dann auch zu neuen Lösungsmöglichkeiten zu gelangen.

Darauf solltest du achten:

- Bei der Durchführung des Brainstormings paradox – also der Sammlung der Negativantworten – ist unbedingt darauf zu achten, dass die Frage deutlich überzogen ist. Nur wenn auch die Antworten mitunter skurril klingen, bringt diese Vorgehensweise Spaß und Leichtigkeit. Dann sprudeln die Ideen ohne innere Abwägung und ergeben die Fülle an Antworten, die nötig sind, um bei der Trüffelsuche einerseits tatsächliche Wahrheitsfunken zu finden und andererseits aber auch jede Menge Antworten getrost mit einem Schmunzeln betrachten zu können, ohne sich dabei selbst ertappt zu fühlen.
- Es ist eine Sache, Regeln aufzustellen. Ob diese dann aber auch greifen, entscheidet sich erst im Alltag. Aus diesem Grund ist es wichtig, gleich am Tag der Charta-Erstellung auch die Nachhaltigkeitsfrage zu beantworten.

10.9 Einführung konstruktiver Feedback-Regeln inspiriert von der gewaltfreien Kommunikation

Das Setting auf den Punkt gebracht | Ein Team-Meeting außerhalb der Regeltreffen wird explizit dafür genutzt, die gewaltfreie Kommunikation vorzustellen und als Form der konstruktiven Rückmeldung im Team einzuführen.

Rahmenbedingungen:

- Der organisatorische Rahmen ist überschaubar, da das Meeting ja im eigenen Team stattfindet. Als »inneren Rahmen« braucht es die Offenheit und Bereitschaft im Team, kritische Themen künftig auch tatsächlich entsprechend dieser Regeln anzusprechen und zu klären. Und natürlich braucht es die Führungskraft als positives Beispiel. Wenn die Führungskraft mit Kritik an der eigenen Person nicht umgehen und Kritik an anderen nicht konstruktiv äußern kann und will, wird das Vorhaben ad absurdum geführt.
  Was zu beachten ist: Du verlässt kurzzeitig deine Rolle.

Das Vorgehen auf den Punkt gebracht | Die Teilnehmenden lernen die vier Schritte Wahrnehmung – Gefühl erkennen – Bedürfnis identifizieren – Bitte formulieren kennen und schaffen die Voraussetzungen, um künftig damit zu arbeiten.

Hierfür ist das Format geeignet | Kompetenzen vermitteln und Voraussetzungen schaffen, um im Team kritische Themen konstruktiv ansprechen zu können.

So gehst du vor:

- Du startest mit einem Check-in. Nach einer ersten persönlichen Frage schließt sich eine Frage zur Befindlichkeit an. Als Drittes folgt dann eine Überleitungsfrage zum Thema. Diese könnte lauten: »Was wäre das Coolste daran, wenn es uns gelingen würde eine konstruktive Feedbackkultur zu leben?«
- Nach dem Check-in stellst du die vier Schritte der gewaltfreien Kommunikation vor. Hierzu hast du ein Flipchart oder Chart auf dem Beamer vorbereitet. Und das sind die einzelnen Schritte:
- **Beobachtung/Wahrnehmung der Situation:** Es werden ausschließlich beobachtbare Fakten geäußert. Jede Interpretation und Wertung ist zu unterlassen. Vorsicht: Es fällt gar nicht so leicht, die Interpretation aus der Beobachtung herauszulassen. »Du kommst immer zu spät« wäre eine

Bewertung. Eine Beobachtung beim Eintreffen der Person wäre: »Wir hatten im Protokoll festgehalten, dass wir alle um 9:00 Uhr zum Start der Veranstaltung vor Ort sind. Jetzt ist es 9:30 Uhr.«

- **Gefühl erkennen und äußern:** Die eigenen Gefühle genau zu erkennen und zu benennen, ist gar nicht so einfach. Bin ich enttäuscht? Bin ich verletzt? Bin ich verärgert? Es ist wichtig, genau hineinzuspüren, um das Gefühl auch treffend verbalisieren zu können.
- **Bedürfnis identifizieren und kommunizieren:** Die Bedürfnisse verdeutlichen uns den Wert, der verletzt wurde. Es ist ein Unterschied, ob ich nach dem Zuspätkommen der Kollegin verärgert bin, weil mir Pünktlichkeit wichtig ist oder ob ich verärgert bin, weil mir Gerechtigkeit wichtig ist und alle anderen jetzt mehr arbeiten mussten oder ob ich verärgert bin, weil ich mich als Verantwortliche der Veranstaltung nicht respektiert fühle.
- **Bitte an das Gegenüber formulieren:** Nun folgt eine präzise formulierte Bitte. Hierbei sollte sich der Wunsch auch tatsächlichen am Bedürfnis orientieren. Das kann bei unserem Beispiel sein, dass ich mir eine telefonische Info wünsche (ich erfahre Respekt) oder aber, dass die Person dann länger bleibt, um sich für die Mehrarbeit der anderen zu revanchieren (Gerechtigkeit). Wichtig ist, zu beachten, dass eine Bitte kein Befehl ist. Sie kann auch abgelehnt werden.
- Jetzt lässt du die Teilnehmenden selbst ran! Nach der Vorstellung der vier Schritte folgt eine Praxisübung zu zweit oder in Kleingruppen, um das Gehörte auch auszuprobieren, zu üben und zu verinnerlichen. Am besten, du lässt deine Teilnehmenden an tatsächlich erlebten Situationen aus dem privaten Umfeld arbeiten.
- Nach ausführlicher Übung geht's in die Transferphase: Nun ist wieder deine Moderationskompetenz gefragt. Denn jetzt arbeiten die Teilnehmenden an den Maßnahmen für eine erfolgreiche Umsetzung. Du teilst sie in Gruppen auf und lässt folgende Fragestellungen erarbeiten: »Angenommen, wir treffen uns in einem halben Jahr wieder und sind komplett geflasht, wie gut es geklappt hat, die konstruktiven Rückmeldungen in unseren Arbeitsalltag zu integrieren. Wie arbeiten wir

dann zusammen? Was wird dann möglich? Wer bemerkt die Veränderung außerhalb des Teams?«
Nachdem sich die Teilnehmenden das Zukunftsszenario fünfzehn Minuten lang ausgemalt haben, gehst du in die Gruppen und schiebst folgende Fragestellung nach: »Mit welchen konkreten Schritten gelingt es uns, die Vorgehensweise so zu integrieren und etablieren, dass sie uns in einem halben Jahr wirklich in Fleisch und Blut übergegangen ist und wir tatsächlich geflasht sind, wie gut es klappt?«
Wichtig ist hier eine Verschriftlichung. Lass die Antworten idealerweise auf Haftnotizzettel schreiben.
Nach der Arbeit in den kleinen Workshops folgt die Präsentation im Plenum.

- Die Lösungsansätze werden geclustert und bei zu großer Anzahl bewertet. Danach werden sie in einem Maßnahmenplan überführt.
- Gerne darf vor dem Check-out noch eine Commitment-Aktion eingebaut werden. So sind auch wirklich alle im Boot.

Methodische Inspirationsansätze:

- gedanklicher Perspektivwechsel.

Anmerkung zur Originalmethode:

Die Gewaltfreie Kommunikation (GFK) wurde von Marshall B. Rosenberg (1934 – 2015) entwickelt.

Was mir richtig gut gefällt:

- Ich bin großer Fan der feingliedrigen Rückmeldung in vier Schritten! Bei der dreiteiligen Rückmeldung, wie ich sie selbst lange praktiziert habe, fehlt die Trennung zwischen Gefühl und Bedürfnis. Und genau die Identifizierung und Benennung der eigenen Bedürfnisse macht für mich einen entscheidenden Unterschied. So kann mein Gegenüber meine Gefühle weitaus besser nachvollziehen. Es fällt leichter, Empathie zu entwickeln und der ausgesprochenen Bitte auch tatsächlich nachzukommen. Gleichzeitig fordert diese Vorgehensweise aber auch ein, die jeweilige Bitte präzise und auf das Bedürfnis fokussiert zu formulieren.

- Bei allem, was neu etabliert werden soll, braucht es einen langen Atem und konkrete Ideen, wie dieses Unterfangen denn gelingen kann. Deshalb ist es mir wichtig, der Vermittlung der Kompetenz eine Moderation zur Umsetzung anzuschließen. Dann lastet die Verantwortung auch nicht nur auf einer Schulter, sondern auf dem ganzen Team.

Darauf solltest du achten:

- »Konstruktiv Feedback zu geben, ist doch ein alter Hut!« So etwas in der Art kann dir durchaus entgegen hallen, wenn du dieses Vorhaben auf den Tisch bringst. Tatsächlich ist es aber wichtig, dass alle dasselbe Verständnis haben und die Methode auch in der gleichen Art und Weise anwenden. Deshalb schadet ein Fresh-up nie. Und dann ist da noch der klitzekleine Unterschied zwischen kennen und anwenden ...
- Für mich geht es in einer modernen, komplexen Arbeitswelt auch nicht nur darum, für den »tragischen Einzelfall« eine Methode in petto zu haben, sondern vielmehr eine Kultur zu etablieren, in der es üblich ist, sich regelmäßig konstruktive Rückmeldungen zu geben. So kann man wachsen und besser werden. Und das in einer konstruktiven empathischen Atmosphäre.
- Da habe ich so viel von Rollenklarheit geschrieben – und jetzt packe ich dir Input und Moderation direkt in ein Format. Das ist wohl wahr. Ich bin aber der Überzeugung, dass das hier gut funktionieren wird. Denn es geht hier ja nicht um einen Fachinput, sondern vielmehr um eine Art des Miteinanders in Meetings. Und für die Gestaltung und Durchführung von Meetings hast du ja die Expertise.

11.
Entspannt in den Flow kommen

11.1 Jede Moderation braucht deine volle Aufmerksamkeit

Das Hineinstolpern in Meetings ist in vielen Teams und bei vielen Menschen leider zur negativen Gewohnheit geworden. Besonders in der virtuellen Welt lässt sich das beobachten. Partizipatives Arbeiten ergibt aber nur dann wirklich Sinn, wenn auch alle mit Herz und Verstand dabei sind. Das gilt für die Teilnehmenden und in besonderem Maße für uns Moderierende. Gehen wir also mit gutem Beispiel voran und fangen bei uns selbst an!

Mit der Bedeutung der inhaltlichen Vorbereitung haben wir uns ja schon im Kapitel 4 beschäftigt. Nur liegt deine konkrete Vorbereitung einer Moderation zum Zeitpunkt der Durchführung möglicherweise aber schon ein paar Tage zurück. Deshalb gilt es, sich kurz vor dem Meeting oder Workshoptermin noch einmal mit der Vorgehensweise auseinanderzusetzen, um dann auch wieder mit der konkreten Zielstellung und den einzelnen Schritten vertraut zu sein.

Genauso wichtig wie die konzeptionelle Planung ist die fokussierte Aufmerksamkeit, die Präsenz vor Ort. Nur wenn wir während der Moderation gedanklich voll im Hier und Jetzt sind, können wir unserer Verantwortung als Moderatorin und Moderator auch gerecht werden. Das gelingt einmal besser und einmal schlechter. Die gute Nachricht ist die, dass du nicht Opfer deiner aktuellen Tagesform bist, sondern vielmehr selbst und proaktiv dazu beitragen kannst, ganz in deiner Kraft zu sein.

Der ultimative Tipp ist hier die Bewegungseinheit an der frischen Luft. Wie in Kapitel 5.3 ausgeführt, ist es wissenschaftlich erwiesen, dass Bewegung positive Auswirkungen auf die exekutiven Funktionen unseres Gehirns hat. Gleichzeitig unterstützt dich hier der räumliche Perspektivwechsel dabei, Themen hinter dir zu lassen und dich auf die vor dir liegende Aufgabe zu fokussieren. Nutze also jede Möglichkeit für ein paar Schritte an der frischen Luft. Und ganz nebenbei gönnst du dir durch den kurzen Spaziergang auch eine keine Pause, die dich dann wieder mit neuem Schwung in die Moderation starten lässt.

Was mir persönlich ebenfalls hilft, bewusst aus dem Hamsterrad auszusteigen und zur Ruhe zu kommen, sind einfache Atemübungen. Die kann ich überall einschieben, wo ich einen Moment Ruhe habe. Im Auto, auf der Bank vor dem Gebäude, im noch leeren Meetingraum oder auf der Toilette. Im Yoga habe ich im Laufe der Zeit schon viele Atemübungen kennengelernt. Die einfachste, die sich wirklich immer und überall praktizieren lässt, ist die sogenannte Quadratatmung.

Und so einfach geht's: Setze dich bequem hin und schließe wenn möglich die Augen. Dann fokussiere dich ganz auf deine Atmung. Bei jedem der nun folgenden Schritte zählst du in Gedanken bis vier:

1. Du atmest durch die Nase ein.
2. Danach halte den Atem an.
3. Nun atmest du durch den Mund aus.
4. Danach machst du wieder eine Atempause.

Und es geht von vorne los. Folge dabei gedanklich den Außenseiten eines Quadrates. Beim Einatmen beginnst du mit der Linie von links unten nach links oben, dann geht's waagerecht nach rechts, bevor du dann von rechts oben nach rechts unten gehst und mit der letzten Line von rechts nach links das Quadrat vollendest.

Kennengelernt habe ich Yoga und Meditation durch meine Kollegin und Freundin Karin Patzel-Kohler, die nicht nur als Moderatorin, Coach und Trainerin arbeitet, sondern auch in ihrer eigenen Yogaschule unterrichtet und ausbildet.

So, wie ich auch beim Thema Bewegung näher nachgefragt habe, so geht's mir auch hier: Ich möchte genauer verstehen, was wirklich dahintersteckt.

Meine Frage an Karin Patzel-Kohler:

»Liebe Karin,
ich möchte meinen Leserinnen und Lesern einige Tipps und Tricks an die Hand geben, um sich vor der Moderation von Meetings und Workshops ganz zu fokussieren, zu Ruhe zu kommen und vielleicht ja auch die Aufregung ein wenig hinter sich zu lassen. Ich persönlich bin Fan der Quadratatmung. Da muss ich nicht lange überlegen, die kann ich immer aus dem Hut zaubern. Und tatsächlich fühle ich mich nach ein paar Atemzügen auch deutlich ruhiger und entspannter. Aber warum ist das so? Was passiert wirklich in meinem Körper, während ich diese Atemtechnik anwende und wie lange sollte die Übung andauern, damit sie auch Wirkung zeigt?«

Und das hat Karin Patzel-Kohler darauf geantwortet:

»Liebe Michaela,
vielen Dank für dein Nachfragen. Oft sind uns unsere körperlichen Abläufe gar nicht so bewusst, solange alles funktioniert und wir uns wohlfühlen. Erst in stressigen Zeiten oder in Situationen, in denen wir aufgeregt oder angstvoll sind, bemerken wir, wie unser Atem schneller, flacher, unregelmäßiger oder sogar stockend wird und wie sich ein Gefühl des Unwohlseins einstellt. Je intensiver unsere körperliche oder mentale Belastung ist, umso schneller und flacher wird unsere Atmung. Denk einfach mal an eine Bergtour mit starkem Anstieg! Auch bei Stress schaltet der gesamte Organismus auf Flucht oder Angriff um. Dies stammt noch aus unserer Vergangenheit, als wir uns gegen wilde Tiere wehren mussten. Der Atem wird schnell, die Muskulatur spannt sich an und der Blutdruck geht hoch.

Unser Atem ist somit auch ein Spiegel unserer inneren Zustände. Aber das Gute ist ja, dass wir über eine bewusste Steuerung des Atems auch direkten Einfluss auf unser Befinden nehmen können. Wir nutzen den Atem als Brücke zwischen

Körper und Geist! Indem wir die Atmung verlängern und bewusst Atempausen einsetzen, beeinflussen wir unser Nervensystem. Unser Körper hat genügend Zeit, Sauerstoff mit dem Einatmen aufzunehmen, ihn zu verarbeiten und mit jedem Ausatmen Kohlendioxid abzugeben. Genau dies tust du mit der Quadratatmung. Dadurch, dass alle vier Atemphasen bewusst zum Einsatz kommen signalisierst du deinem Gehirn: »Michaela atmet entspannt und ruhig, langsam und tief – sie ist also auch ganz entspannt und ruhig!«. Zusätzlich bewirkt eine tiefe und entspannte Atmung, dass unser Gehirn besser funktioniert. Das können wir über eine Wachheit, Klarheit und Konzentriertheit wahrnehmen. Somit spricht alles für regelmäßige Atemübungen, um langfristig unser Stressniveau zu regulieren, unsere Atemmuskulatur zu trainieren und den Körper gut mit Sauerstoff zu versorgen, sowie seine Entgiftung über die Ausatmung zu unterstützen. Täglich mehrere Minuten den Atem beobachten oder eine Übung machen oder einmal am Tag eine Atemabfolge mit anschließender Meditation – das wäre ideal für unsere Gesundheit. Im Akutfall empfehle ich einige Minuten für das Innehalten. Und für Anfänger, die noch nicht so geübt sind, habe ich noch eine kurze und wirkungsvoll stressreduzierende Übung zum Start in eine Moderation: Ich nenne sie ›Heißen Tee kühlen‹. Stehe aufrecht und nehme dir eine heiße Tasse Tee in die Hand. Atme durch die Nase den Duft des Tees ein und spitze dann deine Lippen und atme über die leicht geöffneten Lippen wieder aus, um den Tee abzukühlen. Dein Ausatmen sollte lang und fein sein. Wiederhole dieses Atmen einige Male, bis du merkst, dass du ruhig und klar im Kopf bist. Sollte keine Tasse Tee zur Hand sein, funktioniert diese Übung auch nur in deiner Vorstellung. Ich wünsche dir und natürlich auch den Leserinnen und Lesern viel Spaß damit und gutes Gelingen.«

»Ganz herzlichen Dank!«

11.2 In meinem Workshop nervt niemand!

Da versuchen wir alles, um unseren Teilnehmenden mit Respekt und Toleranz zu begegnen und dann das: Da ist die eine Person, die uns irgendwie aus dem Konzept zu bringen scheint. Wie das nervt! »Der Tag hätte so schön werden können. Warum muss ausgerechnet ich die Person hier und heute im Workshop haben...« Stopp! Genau hier ist der Punkt, an dem du gedanklich direkt einen Schritt zur Seite gehen solltest!

Vor einigen Jahren habe ich meine wunderbare Kollegin Barbara Messer in mein Ausbildungsinstitut eingeladen, um einen Tag zum Thema: »Schwierige Moderationssituationen meistern« zu gestalten. Und genau, als wir zu diesem Thema kamen, hatte ich einen erhellenden Aha-Moment! Barbara stellte uns drei Ursachen vor, die dafür verantwortlich sein können, dass wir uns mit einer Teilnehmerin oder einem Teilnehmer schwer tun.

Grund eins: Neid. Wir sind unbewusst neidisch auf etwas, was er oder sie hat. Ob es die Position, die Verantwortung, die Eloquenz, der Mut, das Aussehen oder was auch immer ist. Wir hätten es auch gerne!

Grund zwei: Spiegeln der Schattenseite. Klar sind wir nicht perfekt. Wir alle haben unsere kleineren und größeren Schattenseiten, von denen wir nicht wirklich begeistert sind. Besonders allergisch reagieren wir allerdings, wenn unser Gegenüber genau dieselbe Schattenseite aufzeigt.

Grund drei: Alter Schmerz. Es können noch so viele Jahre ins Land gezogen sein – wir brauchen nur einen Trigger und Schwupps fühlen wir uns genau so klein und hilflos wie damals. Und manchmal wird genau dieser Trigger eben auch von Teilnehmenden deiner Moderation ausgelöst.

Wenn du also mit einer Teilnehmerin oder einem Teilnehmer haderst, geh wie oben den gedanklichen Schritt zur Seite. Denn es kann sehr gut möglich sein, dass dein Störgefühl gar nichts mit der jeweiligen Person direkt zu tun hat, sondern hier irgendetwas bei dir selbst andockt!

Für mich war diese Erkenntnis die absolute Befreiung. Denn wenn du begreifst, dass es gar nicht um die andere Person, sondern vielmehr um dich geht, kannst du auch wieder konstruktiv mit ihr umgehen.

Und seitdem frage ich mich in solchen Situationen mit einem nachsichtigen Augenzwinkern: »Na, was dockt denn da gerade bei mir an?« Das nimmt die Verantwortung weg vom Gegenüber und bringt mir meine Leichtigkeit zurück.

Diese Reflexion hilft übrigens nicht nur in Meetings oder Workshops. Ob im beruflichen oder privaten Kontext – dir werden immer wieder Menschen begegnen, mit denen es einfach nicht rund läuft. Schau doch mal genauer hin: Wer weiß, vielleicht dockt ja hier etwas bei dir selbst an.

11.3 Sei gut zu dir – deine Teilnehmenden haben es verdient!

Ich hoffe, du musstest noch nie eine Notsituation im Flugzeug durchleben. Und ich bin sicher, du weißt, wie die Sicherheitseinweisung im Flugzeug lautet: »… ziehen Sie eine Maske ganz zu sich heran und drücken Sie die Öffnung fest auf Mund und Nase. Danach helfen Sie mitreisenden Kindern und anderen Personen.« Was hat die Sauerstoffmaske nun mit deiner Aufgabe und Verantwortung als Moderatorin und Moderator zu tun? Sehr viel.

Von einer befreundeten Kollegin bekam ich einmal folgenden Satz geschenkt: »Hauptsache, der Moderatorin/dem Moderator geht es gut!« Ja um Himmels Willen! Sind wir Moderierenden denn ein egoistisches Völkchen, das nur an sich selbst denkt? Nein, das sind wir definitiv nicht. Im Gegenteil.

Und wie passt diese Aussage mit dem Anspruch zusammen, die Moderierenden sollen sich selbst zurückzunehmen und Dienende der Gruppe sein? Es passt genauso perfekt zusammen! Denn wir haben eine große Verantwortung zu tragen und darauf sollten wir uns vorbereiten. Schließlich geht es darum, mit unserer ganzen Aufmerksamkeit bei den Teilnehmenden zu sein, in jeder Situation die in diesem Moment richtige Entscheidung zu treffen, den Raum zu halten und ehrliches Vertrauen auszustrahlen. Das gelingt uns aber nur, wenn wir in unserer Kraft sind. Wenn wir gedanklich noch beim schwierigen Kundenprojekt hängen und ohne nochmals auf das Drehbuch zu schauen ins Meeting reinstolpern, können wir unsere Teilnehmenden niemals so konstruktiv und zielorientiert begleiten, wie es uns mit etwas mehr Ruhe und Fokus möglich wäre.

Aber ich bin der Überzeugung, dass die Teilnehmenden genau das verdient haben! Wenn wir Moderierenden durch den suboptimalen Zustand das Meeting verkomplizieren oder in die Länge ziehen, leiden ja nicht nur wir, sondern alle Teilnehmenden.

Es ist also im Sinne der Teilnehmenden gedacht, wenn wir so für uns sorgen, dass wir fokussiert und kraftvoll in die Moderation starten. Das unterstreicht auch der folgende Satz, den ich immer wieder von unterschiedlichen Menschen gehört habe und den ich dir am Ende des Buches mitgeben möchte:

»Ich muss mir Gutes tun, will ich der Welt mein Bestes geben!«

In diesem Sinne wünsche ich dir von Herzen alles Gute,

deine Michaela

Anhang

Danksagung

Ich möchte an dieser Stelle von Herzen DANKE sagen!

Meinem Mann Uwe, der mich nicht nur während des Schreibprozesses mental unterstützt hat, sondern auch mein persönlicher Vorab-Lektor war. Meinen beiden Jungs, von denen ich immer wieder lernen darf.

Meinen Interviewpartnerinnen und -partnern Dr. Frieder Beck, Dr. Elke Brünle, Karin Patzel-Kohler, Anna und Nils Schnell sowie Miriam Steckl für ihren wertvollen Input.

Und nicht zuletzt allen Teilnehmerinnen und Teilnehmern. Denn nur durch das Erleben entsteht Erfahrung, die ich hier mit Freude geteilt habe.

Literaturverzeichnis

Swantje Allmers, Michael Trautman, Christoph Magnussen (2022): On the Way to New Work. Wenn Arbeit zu etwas wird, was Menschen stärkt. Verlag Franz Vahlen GmbH, München.

Frieder Beck (2021): Bewegung macht schlau. Mentale Leistungssteigerung durch körperliche Aktivität. Goldegg Verlag GmbH, Wien.

Patrick Bernau (2020): Wie Corona uns den Zufall raubt. Frankfurter Allgemeine Sonntagszeitung, Ausgabe vom 4. Oktober 2020. https://www.faz.net/aktuell/wirtschaft/zeit-ohne-begegnungen-wie-corona-uns-den-zufall-raubt-16984051.html, Abruf am 29. September 2022.

Joana Breidenbach, Bettina Rollow (2019): New Work needs Inner Work. Das Dach Berlin UG, Berlin.

Amy C. Edmondson (2021): Die angstfreie Organisation. Wie Sie psychologische Sicherheit am Arbeitsplatz für mehr Entwicklung, Lernen und Innovation schaffen. Verlag Franz Vahlen GmbH, München.

Finanzen.net (2021): Tesla-Chef Elon Musk: Tipps für erfolgreiche Meetings. https://www.finanzen.net/nachricht/geld-karriere-lifestyle/erfolgsgeheimnis-tesla-chef-elon-musk-tipps-fuer-erfolgreiche-meetings-7528012, Abruf am 29. September 2022.

Monika Herbst (2018): Konferenz im Grünen. Frankfurter Allgemeine Sonntagszeitung, Ausgabe vom 21. August 2018. https://www.faz.net/aktuell/gesellschaft/gesundheit/walking-meetings-konferenz-im-gruenen-15743139.html, Abruf am 29. September 2022.

Gero Hesse (2016): Generation Z fordert offene Feedbackkultur. Ein Interview mit Stefan Lake. www.saatkorn.com/generation-z, 1. März 2016, Abruf am 29. September 2022.

Greg L. Kress, Mark Schar (2012): Teamology. The Art and Science of Design Team Formation. https://ideas.repec.org/h/spr/undchp/978-3-642-21643-5_11.html, Abruf am 29. September 2022.

Karin Klebert, Einhard Schrader, Walter G. Straub (2006): Moderations-Methode. Das Standardwerk. 3. Auflage, Windmühle Verlag GmbH, Hamburg.

Peter Knapp (Hrsg.) (2012): Konfliktlösungs-Tools. Klärende und deeskalierende Methoden für die Mediations- und Konfliktmanagement-Praxis. managerSeminare Verlags GmbH, Bonn.

Joseph O'Connor, John Seymour (2004): Neurolinguistisches Programmieren: Gelungene Kommunikation und persönliche Entfaltung. 14. Auflage, VAK, Verlags GmbH, Kirchzarten bei Freiburg.

Alex »Sandy« Pentland (2012): The New Science of Building Great Teams. Erschienen im Harvard Business Review, April 2012. https://hbr.org/2012/04/the-new-science-of-building-great-teams, Abruf am 29. September 2022.

Sonja Radatz (2003): Beratung ohne Ratschlag Systemisches Coaching für Führungskräfte und BeraterInnen. 3. Auflage, Verlag Systemisches Management, Wien.

Helmut Schlicksupp (1999): 30 Minuten für mehr Kreativität, GABAL Verlag GmbH, Offenbach.

Nils Schnell, Anna Schnell (2019): New Work Hacks. 50 Inspirationen für modernes und innovatives Arbeiten. Springer Gabler, Springer Fachmedien Wiesbaden GmbH.

Simon Schnetzer (2019): Studienergebnisse junge Deutsche 2019. Highlights. https://simon-schnetzer.com/wp-content/uploads/2019/03/Highlights-Studie-Junge-Deutsche-2019-GenerationZ-GenerationY-Simon-Schnetzer-Jugendforscher.pdf, Abruf am 29. September 2022.

Watzlawick, Paul (2015): Wie wirklich ist die Wirklichkeit? Wahn, Täuschung, Verstehen. 16. Auflage, Piper Verlag GmbH, München/Berlin.

Mit hybriden Teams mehr erreichen

Gesine Engelage-Meyer, Sonja Hanau
Mit hybriden Teams mehr erreichen
Werkzeuge, Methoden und Praktiken für gelungene Zusammenarbeit auf Distanz
3. Auflage 2026

265 Seiten; Broschur; 29,95 Euro
ISBN 978-3-86980-644-0; Art.-Nr.: 1148

Hybride Teamarbeit bietet viele Chancen – im Moment fühlt es sich aber mehr nach Herausforderung an? Die digitale Technik sorgt für Verunsicherung? Zwischenmenschliches, wie die beiläufige Kommunikation und das Wirgefühl, bleibt auf der Strecke? So geht es vielen Teams.

Dieses Praxisbuch liefert dir vielfältige Lösungsvorschläge zu diesen Herausforderungen – ganz gleich, ob du ein Projektteam verantwortest, als Führungskraft ein Team in der Linie leitest oder Teammitglied bist. Jede:r im Team kann dazu beitragen, Zusammenarbeit auf Distanz zu gestalten und die Potenziale zu nutzen.

Praxisnah zeigt dieses Buch, wie sich ein hybrides Team digital gut aufstellen und wirksam kommunizieren kann. Es stellt dir hilfreiche Methoden, Werkzeuge und Strukturen vor und liefert praxiserprobtes Wissen, damit sogar (hybride) Meetings gut gelingen. Tipps für die gezielte Gestaltung des Change-Prozesses erleichtern den Umgang mit Widerständen. So steigen Produktivität und Zufriedenheit im Team und es entsteht eine gemeinsame Motivation, um sich auf die neue Arbeitswelt einzulassen.

Der beste Zeitpunkt, Teamarbeit auf ein neues Level zu bringen, ist jetzt. Dieses Buch unterstützt dich dabei.

www.BusinessVillage.de

NATURCOACHING

Marcel Leeb
NATURCOACHING
Das Praxis- und Methodenbuch der Wegbegleitung – Für Coaches, Pädagogen, Therapeuten und alle, die Menschen in Veränderungsprozessen begleiten
1. Auflage 2025

244 Seiten; Broschur; 49,95 Euro
ISBN 978-3-86980-835-2; Art.-Nr.: 1228

Naturcoaching eröffnet einen besonderen Erfahrungsraum: die Natur als Resonanzfeld für Veränderung. Dieses Praxis- und Methodenbuch zeigt, wie daraus echte Wegbegleitung wird. Es richtet sich an Coaches, Pädagogen, Therapeuten und alle, die Menschen in Veränderung begleiten – sei es im Einzelsetting, in Gruppenprozessen oder in Workshops in freier Natur.

Klar und praxisnah entfaltet Marcel Leeb den Dreiklang professioneller Wegbegleitung: Haltung als tragendes Fundament, Kunst in den feinen Fertigkeiten erfahrener Begleiter und Handwerk in Form von erprobten Methoden, Interventionen, Fragetechniken und Reflexionsimpulsen. Ergänzt wird dies durch Rituale, Meditationen und persönliche Einblicke des Autors.

Die Leserinnen und Leser beschreiten einen symbolischen Wanderweg, angelehnt an das Modell der Heldenreise, und erhalten dabei einen reich gefüllten Rucksack an Werkzeugen – für Einsteiger, Voranschreitende und Profis. So wird Naturcoaching zu einem lebendigen, fundierten Prozess, der Tiefe schenkt und Menschen befähigt, eigene Antworten zu finden, um ihren Weg klar ausgerichtet und verbunden zu gehen.

Ein Grundlagenbuch für alle, die andere achtsam, menschlich und tiefenwirksam in Zeiten des Wandels durch Übergänge begleiten wollen – mit Präsenz, Naturverbundenheit und systemischem Blick.

www.BusinessVillage.de